愿你

在最好的时光里
做你最想做的事

马红丽 ◎ 著

辽宁人民出版社

©马红丽　2016

图书在版编目（CIP）数据

愿你在最好的时光里做你最想做的事 / 马红丽著.
— 沈阳：辽宁人民出版社，2016.11（2017.12重印）
ISBN 978-7-205-08758-6

Ⅰ．①愿… Ⅱ．①马… Ⅲ．①人生哲学—通俗读物
Ⅳ．①B821-49

中国版本图书馆CIP数据核字（2016）第256633号

出版发行：辽宁人民出版社
　　　　　地址：沈阳市和平区十一纬路25号　邮编：110003
　　　　　http://www.lnpph.com.cn
印　　刷：固安县京平诚乾印刷有限公司
幅面尺寸：145mm×210mm
印　　张：7.75
字　　数：180千字
出版时间：2016年11月第1版
印刷时间：2017年12月第2次印刷
责任编辑：蔡　伟
封面设计：仙　境
版式设计：知　音
责任校对：吴艳杰
书　　号：ISBN 978-7-205-08758-6

定　　价：36.80元

推荐序
书里书外

进入金秋，进入收获的季节，黄河中段三门峡岸边的厚重土地上，马红丽女士的收获让我们惊喜——《愿你在最好的时光里做你最想做的事》经过著者与编辑老师的共同努力，这一文学园地里的硕大果实即将呈现在我们面前。作为红丽大作的最先读者，在赞美其创作道路上勤奋付出的同时，我理应送上千里之外真诚的祝贺与祝福。

三门峡，对我来说既陌生而又熟悉。十几年前，我与于彦国先生从郑州去西安，乘坐列车经过此地。印象最深刻的是过洛阳之后，那些黄土较之我们东部地质有着明显的不同。随着列车不断往西北挺进，一些废弃的窑洞不时出现，让我们开始领略另一种风情。至三门峡时，一路的劳累顿消，透过车窗，我们静静地欣赏着这座新兴的现代城市，两眼迅速地按着"快门"，把一张张有着三门峡景色的"底片"摄于心底，以备日后回味、品享。事实也正如此，这些年来，我不时翻出那些"底片"，沿途的风光在我的眼前既清晰又优美，每一次"欣赏"都会让我从内心深处涌出甜丝丝的感觉，这些美丽的图片里当然包括黄河在此奔腾而下的三门峡。

十几年后，《沂河》杂志收到一篇描写三门峡地域风情的稿件，作者是马红丽，文章虽然不长，但地方特色跃然纸上，且极有韵致，令我们耳目一新。电子信箱中的一次次"交往"，真诚地交流，以及对文学宗教般的虔诚追求，让我们对当下文学的走向、如何进行新时期创作等方面的探讨多了起来。这期间，红丽女士把她的著作《幸福是碗酸汤面》一书寄于我，虽隔千里之遥，但读着那一篇篇文字秀美、富含哲理的文章，回味着红丽对文学的热爱，我就像读三门峡那座新兴城市一样——它年轻、清新、充满生机。在电子信件中，红丽谦逊地称她的作品都是些"小东西"，而我对文章的评价向来是："大"与"小"不能单单靠字数来体现，世上好多脍炙人口的"小文"之所以不小，可称得上"大"，可历久弥新，靠的是她能陶冶人们灵魂的内力，这种力来自她的鲜活，来自她的提升人们精神的钙质。因此那一碗"酸汤面"并不酸，带有多多幸福的味道，"吃"下会滋养肌体，让人增长正能量。我为她小中的"大"不止一次地点赞！

开垦文学的"田畴"，培植一枚枚果实是一项既劳神又劳力、很是辛苦的劳动，但勤奋的红丽却乐此不疲，她精神家园的那碗"酸汤面"让人们在慢慢细品、余味未消之时，她又在召唤我们"愿你在最好的时光里做你最想做的事"。在一篇篇的美文中，红丽从多个视角、用不同触角触摸那些最想做的事，让我们的时光不能虚度，灵魂不能空虚，实现人生价值的最大化，走过之后，留下属于自己的一行深深的脚印。她的每篇文章都是一缕精神的阳光，让我们从中摄取能量，在时代和人生最好的时光里，做自己最想做、对自己、对社会都有意义的事。

在创作每一篇文章的过程中，我发现红丽都把自己内心深处的真情实感凝于笔端，用有温度的文字触摸生活，感知人生。她文笔朴实，善于用真切的目光从小人物、小事件中发现世间的美好，感悟人生的价值取向，字里行间充盈着一个女子对生活、对生命的热爱，散发着人间大爱——真善美的光芒。这正是一个作家落实习总书记在文艺座谈会上的讲话的一次自我实践："作家、艺术家应该成为时代风气的先觉者、先行者、先倡者，通过更多有筋骨、有道德、有温度的文艺作品，书写和记录人民的伟大实践、时代的进步要求，彰显信仰之美、崇高之美。"

在先读为快中，《愿你在最好的时光里做你最想做的事》给我的另一个感受是，红丽女士对"材质"的排列组合是很见功力的，她的这些"果实"既有思想深度，又富感染力，观获其益，读来可亲。尽管有的"果实"过于表面化，过早地"暴露"了隐藏于内在的"多重营养"，但这一枚枚精神之果已经填充着我们的"肠胃"，同时也说明作者在不论是人生还是时代的最好时光里，做着自己最想做的事，单单从这一点上，红丽是多么快乐和幸福。

张元济先生曾说，天下第一好事，还是读书。读书在使人增长知识、明辨是非的同时，还会让内心生出各不相同的幸福感，在对待人生上能有幸福观，继而会有幸福力。好书是浮躁心情的稳定器。我想，《愿你在最好的时光里做你最想做的事》面世之后，拥有此书的朋友、家人，茶前饭后将其中文字咀嚼，在感悟人生中积蓄正能量、启迪心智、净化心灵，在寻得自有的一番乐趣之时，也在这最好的时光里，做做自己最想做的事，这，或许正是该书给予我们的启发。

《愿你在最好的时光里做你最想做的事》即将付梓之时，红丽邀我这沂蒙乡野中区区一介村夫作序，浅俗之人恐难当此大任，然红丽一腔真诚，却之不恭，于是说上几句内心话，与红丽及读者共勉。

是啊，我们应该在这最好的时光里，做我们最想做的事。

刘京科[1]

2016年9月8日

004

自序
让生活中的美，温暖前行中的你

早上。公交车站台。人们翘首观望，等候公交车的到来。

一辆公交车疾驰而来。等车的人依次上车、刷卡，"嘀""嘀"声不断。

一个背着书包的小男孩蹦跳着上了车，举起挂在胸前的公交卡去刷，不料刷卡机发出了"嘟""嘟"声——余额不足，小男孩涨红着脸，不知所措，身子往后退着，似乎准备下车。身后一个年轻人拉住小男孩的胳膊，轻声说道："赶快上吧，别耽误了上学。我替你刷卡。"边说边拿起公交卡刷了一下，等下一个人刷过之后，他又刷了一下。

正是午餐时间，坐落在医院附近的一家小餐馆挤满了顾客。

"老板，给我来两份鸡腿饭，一份自己吃，另一份挂在墙上。"一个大学生模样的姑娘对餐馆的收银员说。

"好嘞！"收银员一边回答，一边麻利地把一张写有"鸡腿饭一份"的彩色贴纸挂在了身后的展板上。展板上挂满了大大小小的彩色贴纸，"蛋炒饭一份""清汤馄饨一份""祝早日康复"……贴纸上写着各种饭菜名以及祝福的话。

一位50多岁的大叔走进餐馆，店员迎上去，热情地招呼："大叔，孩子的病好点没？想吃什么，你看看挂在墙上的这些付过费的菜单，给孩子选一个。"

黄昏的时候，突然下起了雨。小区门口，两个卖西瓜的瓜农，一老一少，蜷缩在墙角，无奈地叹着气，不远处是他们拉来的西瓜，还有多半车。

一辆小轿车原本已经开进了小区，忽然又倒了出来。车上下来一个中年男子，对着卖瓜的老人说："给我来几个西瓜！"老人抬头，觉得眼熟，收钱的时候，忽然想起，这人中午刚买过两个。

小区里陆续有人下班回家，很多人经过时都停下来，这个说："给我拿两个。"那个说："我来仨。"不一会儿工夫，西瓜就剩下没几个了。卖瓜的少年面露喜色，冲着老人说："看来咱们今天可以回家了，不用守着西瓜睡在露天地了。"年老的那个乐呵呵地说："嗯，本来我还发愁，下这么大的雨，这些瓜可怎么卖呀，现在好了，真得谢谢这些好心人！"旁边有人笑着说："你们得感谢这场雨！"

以上的三个生活片段，其实在我们的生活中每个人都可能遇到或者听说过。那些美好，温暖着人生旅途中的我们。如果说生活是夜空，美好就是点缀其中的星星。只要我们用心去品味，用心去感受，就会发现生活中有无数的美好。那些走过的美好岁月，遇见的美好的人和美好的事物，影响着我们，教化着我们，让我们于一种无觉之中向美、向善、求好、长进，并以相同的态度和行为，欣然与这个世界温柔相待。温暖是生命的阳光，只要我们珍藏心里的温暖，生活就一定是阳光灿烂。

　　我期待这些美好在我的笔下绽放，温暖人生路上的你我。

　　　　　　　　　　　　　　　　　　　　　　马红丽

CONTENTS / 目 录

第一篇
别让心底的梦想搁浅在路上

　　每一个生命，都值得认真地活；每一个梦想，都值得努力实现。只有心中有梦的人，才会有梦想成真的一天。只要不放弃，任何一条小径，都会把你引向梦想实现的彼岸。很多时候，成功只青睐那些心怀梦想并为之努力的人。

毛遂自荐的奥斯卡影帝

　　作为世界上最有影响力的电影奖项，奥斯卡金像奖总是备受人们的关注。在第87届奥斯卡金像奖的颁奖典礼上，来自英国的年轻演员埃迪·雷德梅恩凭借自己在电影《万物理论》中的精湛演技，获得"最佳男主角"奖，成为奥斯卡史上第一位"80后"影帝。当初在挑选《万物理论》中霍金的扮演者时，制片商根本就没有把埃迪放在眼里。霍金这个角色，其实是埃迪毛遂自荐争取来的。

　　和霍金一样，埃迪也毕业于剑桥大学。读大学期间，埃迪就听过许多关于霍金的传奇故事，而且那些故事给他留下了很深刻的印象。所以，埃迪非常渴望饰演霍金这个角色。

　　于是，埃迪开始暗暗地做准备。他查阅了大量有关霍金的资料，以便让自己更好地理解人物，尽快进入角色。霍金的体型瘦弱，为了在外形上更接近霍金，埃迪开始减肥，每天都进行高强度的锻炼，以至于在短短半个月的时间他便减了13斤；他深入ALS（肌肉萎缩性侧索硬化症）诊所，接触了很多渐冻症患者，了解他们的生活、思想，揣摩他们的表情、动作；他还专门跟着一位舞蹈老师学习了4个月，训练肌肉的柔韧度，以便灵活地控制自己的肢体，更好地模仿霍金坐在轮椅中的姿态……

　　虽然埃迪为扮演霍金这个角色做了各种准备，但是机会并没有从天而降。因为，无论是名气还是资历，埃迪在人才济济的影视圈里，只是一个无名小辈。

　　"没有人推荐自己，那就毛遂自荐吧！"埃迪心想。机会终于来了，有一次埃迪去参加一个宴会，恰好《万物理论》的导演詹姆斯也在。生性害羞的埃迪起初总是张不开口，后来他急中生智，拿起餐桌上的啤酒"咚咚咚"就喝，几杯酒下肚，埃迪不再胆怯，他径直走到詹姆斯跟前说："我想饰演霍金这个角色。"

　　看着眼前这个戴黑框眼镜、神情忧郁的年轻人，詹姆斯心头一动，心想："这年轻人与霍金还真有几分神似。"但是，与霍金神似不等于他就能演好霍金。詹姆斯抱着膀子，靠在椅子上，漫不经心地看着埃迪。当听到埃迪阐述自己对角色的认识以及关于拍摄的一些想法时，詹姆斯一下子来了兴致，身体也慢慢坐直了。看到导演对自己逐渐认可，埃迪趁热打铁，模仿了几个霍金的身体、面部动作——佝偻的瘦身板，内八的两脚，依靠萎缩扭曲的面部肌肉表情达意……活灵活现的表演一下子把詹姆斯导演看呆了，他当场表态，霍金这个角色非埃迪莫属。

　　就这样，埃迪毛遂自荐获得了一次挑大梁的机会。当然，他也确实不负众望。拍摄期间，为了演好霍金在逐步失去行动意识时肢体和表情的递进过程，埃迪像撰写博士论文一样，把霍金在每个时期的心理、学识以及肌肉萎缩的状态，用科学的方法编纂、精分，存在自己的平板电脑里，以便任何一场戏都可以精准调取出表演状态。据说，霍金观看完这部电影后评价道："看着埃迪的样子，我就像是在看我自己。"

　　再也没有比这更高的评价了，霍金的认可也足以证明埃迪的表演实力。不过，正如埃迪自己所言，若非毛遂自荐，他很可能会错过霍金这个角色，那么，何时赢得自己人生中的第一座小金人，那就谁也无法预测到了。

　　成功离不开机遇，但首先要努力提高自己，这样当机遇来临时，你才能抓住它，就像埃迪那样。因为机遇总是偏爱有准备的人，所以只要你做好了充分的准备，并善于把握机遇，成功便不再遥远。

别让心底的梦想终老一生

放下电话，米石拉呆坐在电脑前。他不愿意相信，迈索尔就这样走了。就在前几天，他们还在一起吃过饭。迈索尔还说，等再过些日子，钱攒得差不多了，他要开一间蛋糕房，去做自己最想做的糕点师的工作。可是，再也没有机会了。昨天晚上，熬夜工作的迈索尔因为突发脑梗死，意外去世。

米石拉望着窗外，天空灰蒙蒙的，像极了他此刻的心情。辞职的念头就在这个时候突然蹦了出来。

米石拉是一名软件工程师，住在班加罗尔。在印度，IT行业收入高，待遇好，是很多年轻人向往的职业。更重要的是，米石拉所在的公司是鼎鼎有名的惠普公司。得知米石拉要辞职，许多人都感到吃惊。在众人不解的目光里，米石拉毅然辞掉了工作。

辞职后的米石拉做出了一个大胆的决定——实施一个名为"一周一份工作"的项目，他希望通过自己一周挑战一份工作的亲身体验，来鼓励人们勇敢地追求自己热爱的事物，找到自己真正想要的生活。

米石拉把这个想法发布到了网上，他在帖子中写道："虽然IT行业薪酬高、待遇好，但并不一定适合每个人。有时候，快乐比成功更重要。和迈索尔一样，我也有自己的梦想，并且以为只要梦想在那儿，总有一天我会去实现。迈索尔的意外去世让我感觉到生命的无常和短暂，也让我明白，如果我们不去做，或许没等我们去寻找梦想时，就已经失去了寻找梦想的资格。既然你所拥有的一切都有可能戛然而止，那么，在此之前，为什么不选择你最中意的生活，干吗要让自己后悔？"

米石拉的这个项目得到了许多人的关注，特别是一些对目前生活不满意，有着许多困惑的年轻人，对这个"一周一份工作"的体验非常感兴趣。

米石拉的第一份工作是跟着一个志愿者组织去贫民窟做调查。那是印度新德里400公里外北方邦的一个村庄，从繁华的都市来到落后的农村，米石拉真正体会到了什么是贫穷。他这样描述那个贫民窟："一路走过，破败的房屋，锅碗瓢盆凌乱地堆在屋外，路面坑洼，猪狗羊住的地方似乎人也同样居住着。光着身子、头发长而杂乱似草的孩子瞪着眼睛好奇地看着我们。透过房门向屋内望去，除了电视机，什么家具也没有。孩子、老人凑过来要求为他们拍照片……"离开贫民窟，米石拉对自己的生活有了新的感悟："人从来就不是生而平等的，我很珍惜现在的生活，很知足。"

米石拉还曾经在一个航空订票处做一些端茶倒水、打扫卫生的工作。之所以体验这项工作，米石拉是想锻炼自己，看看自己能否适应最低层、最艰苦的环境。米石拉和其他人一样，住在公司附近的一间仆人房里，面积大约只有5平方米，除了一张床没有任何别的家当。由于房屋是顶楼，夏天高达45摄氏度的气温让里面就像蒸笼一样，根本无法入睡；一张"恰巴迪"（类似烤出来的粗制面饼）蘸点儿咖喱汁便是米石拉的早餐。这些，米石拉都坚持了下来。

在7个多月的时间里,米石拉从事过28种不同的工作:教师、摩托修理工、情感咨询师、漂流向导……这些工作,让米石拉每天都能认识到一个不一样的自己,同时他惊奇地发现自己的身上竟然有那么多的潜力。米石拉把自己从事每一份工作的经过以及心得放到网站和大家分享,受他的影响,很多人开始反思自己的生活,也开始明白,人生在世时间非常短,如果总是不敢做自己想做的事情,那么留下来的只有悔恨,只有懊恼。

其实,每个人的内心深处都有一些梦想,米石拉以自己的亲身体验告诉我们:别让心底的梦想终老一生,只要去做,生活就会开始改变。

坚持梦想，小丑的人生也灿烂

涂满白色脂粉的脸，微微上翘的红鼻子，再加上那一头火红色的爆炸鬈发，阿康一出场就逗笑了现场的观众，一些小孩子更是快乐得大叫："快看啊，小丑出来了！"

面对观众的热情，阿康俏皮地弯腰致谢，然后变魔术般从身后掏出一个皮球，抛入高空，并故意装出一副失手的样子，慌慌张张去接，一个趔趄差点跌倒，就在快要跌倒的那一刻，他用那只红红的大鼻子牢牢把球顶了起来。他怪异的扮相，窘迫的表情，滑稽的动作，惹得全场笑声一片。

这是杭州一家房地产公司举办的"置业节"的活动现场，阿康的工作是在广场上即兴表演，吸引路过的人们，为活动增加人气。

30岁的阿康从事这项"小丑表演"工作已经10个年头了。10年来，阿康以扮演小丑为业，奔波在这座城市的各种活动现场，给无数人带去快乐和欢笑。如今，他已是杭州城非常有名的专业"小丑"，并且还收了两个徒弟。

阿康真名王康，出生在浙江金华一个普通的农家。16岁时，他到城里打工，干过快递，摆过地摊。2009年春晚，魔术师刘谦的精彩表演引发了魔术热，聪明的王康看到了商机，春节过后便批发了一批魔术道具在地摊上销售。为了吸引顾客，他开始学一些简单的魔术表演。最初，他的动作有些笨拙，魔术的花样也很单一。经过反复练习，他的动作越来越娴熟。在他摆摊的地方，经常会有人围着观看。一次偶然的机会，他受到邀请，为附近一家电器行的周年庆祝活动变魔术。

第一次登上铺着红地毯的舞台，看着台下的观众，阿康有些紧张，手心里满是汗，不过，一旦开始表演，他就完全投入了进去。在他充满神奇的手上，小火把轻轻一甩立即变成了鲜艳的红玫瑰，引来台下一片啧啧称赞和阵阵掌声。

因为那次演出，阿康喜欢上了站在舞台上的感觉。他想，自己为什么不去尝试表演这个行当呢？可是，走单纯表演魔术这条路似乎不太现实，他还没有足够的实力。恰在这时，有人找到阿康，问他会不会演小丑。演小丑？这个找上门来的业务让阿康豁然开朗，对呀，自己何不尝试走这条路？这不也是一种表演吗？

听说阿康要演小丑，并打算以此为业，阿康的父亲坚决反对，说一个大小伙子干什么不行，非要打扮得稀奇古怪的，再说那营生怎么能养活住人呢？可是，阿康铁了心要干。他瞒着父亲，四处学习，只要听说哪有小丑表演，他就跑去在台下细细揣摩人家的动作、表情，然后回家对着镜子认真模仿。他到网上买了一套小丑的服装、发饰、各种道具，看到商场、广场上正在举办开业庆典、商品促销活动，他就主动找到主办方，请求参与，也不在乎人家给不给报酬，给多少。每次参加这样的活动，阿康都很卖力，加上他又会一些魔术表演，很受人们的喜欢。时间久了，大家都知道有一个小伙子喜欢扮演小丑，他的名气也越来越大。

父亲见阿康扮演小丑也能赚钱，就不再说什么了，可他还是担心这不是个长久的职业。一次，阿康去参加一个活动，父亲偷偷跟着去了现场。舞台上，衣着鲜艳、顶着红鼻子的阿康迈着滑稽的"鸭子步"，摇晃着火红的头发，一会儿"误吞"一整副扑克牌，一会儿又不小心把整支香烟"塞"进了眼睛里……惹得台下的人阵阵惊呼。还有人踊跃上台，和阿康互动表演，台下的观众又鼓掌又拍照，笑声不断。看到儿子这么受欢迎，阿康的父亲终于放下了心，由着阿康去了。

台上的阿康滑稽、有趣，是众人的开心果。可是，没有人知道，快乐的背后他付出了多少努力和汗水。踩两米多的高跷被摔成骨折，在夏季烈日的烘烤下表演而差点中暑……很多辛酸的过往，阿康都把它们深深地埋在心里。闲下来的时候，他很爱唱一首叫作《小丑人生》的歌，"油彩已遮盖人面，环绕心中万变……谁管辛酸，但我都无悔，独自在台上，一生去用心表演……"阿康说他最喜欢这几句歌词了，简直就是他的心声。

是呀，能够找到属于自己的舞台，那些辛酸又算得了什么呢？不过，在阿康看来，找到了自己的舞台还仅仅是第一步，他还有一个梦想，那就是继续学习，提高自己的表演水平，同时把小丑表演发扬光大，让那些像他一样的农村孩子也能找到属于自己的人生舞台。

每个人心中都有梦想，每个人也都在努力追寻着梦想！因为有梦想，才会有成功。就像阿康经常说的："与这世界上太多才华横溢的人相比，我是一个没有多大本事的小丑，但即使如此，我也要做一个有梦想的小丑。"

梦想的力量是无穷的，坚持自己的梦想，小丑的人生也一样灿烂。

知道自己想要什么，所以才会全力以赴

她叫彭少仪，出生在茶叶世家，从小在自家的茶园里耳濡目染，茶是陪伴她长大的精灵。然而，2008年的那场经济危机给她的家庭带来了巨大的打击，从此之后，那种晨雾中采茶的香气便留在了她童年最美好的记忆里。

2012年，大学毕业的彭少仪顺利进入台湾顶级的猎头公司，台大金融专业的背景让她在工作中游刃自如，很快便崭露头角。虽然一路顺遂，但工作之余她偶尔也会感到迷茫："这究竟是不是自己想要从事一生的职业？"每当她想到这个问题的时候，她的眼前便会浮现出家乡那一望无际的茶园。

一次，彭少仪去拜访一位客户，恰好客户正在和几位朋友品茶，于是她便兴致盎然地和他们聊起关于茶的话题。她丰富的茶叶知识和精湛的泡茶技艺让在座的客人惊叹不已，得知她的工作和茶没有任何关系，大家无不觉得遗憾。

也就在那一刻，迷茫中的彭少仪豁然开朗——自己目前的工作是帮人找到最适合他的职位，可如果连自己都认不清自己要什么，又怎么能更好地帮助别人呢？每个人不都应该做自己最热爱的事吗？她突然意识到，对于从小就浸润在茶香中的她来说，童年的那片茶园比任何名利都能带给自己快乐。

深思熟虑之后，彭少仪决定辞职创业，做自己想做的事。可是，做什么样的茶，又该怎么去做，彭少仪的心里并没有底。通过深入地了解，她发现茶叶在台湾市场相对饱和，而内地虽然茶企业繁多，但大多专注于高端消费人群，办公室茶品的市场还未被开发，因此她决定去内地发展。

经过市场调研，彭少仪发现虽然喝茶的年轻人不多，但70%的人都认可茶是一种健康饮料，愿意尝试。可见，他们不是不喜欢喝茶，只是他们对茶文化了解甚少，所以，只要找准着力点，不愁没有市场。2014年，彭少仪参加"全球青年领导力联盟"研习营，结识了南开大学的潘忻望，两人一拍即合，决定创立"山茗主义"，主打办公室白领群体的年轻茶品。

可是，现代都市工作节奏快，对于想喝茶的办公室白领一族来说，根本不可能有时间坐下来慢泡细饮，最可行的就是袋泡茶，而市场上的袋泡茶多是将磨碎的茶叶装入一个滤纸的小袋中，虽然省时、方便、简单，但由于滤袋材质低劣，加之茶包里装的又是一些茶叶碎末，致使泡出的茶口感生涩。

彭少仪认为，要想改变袋泡茶的口感，必须解决两个问题——碎茶和久泡。原叶茶和碎茶在味觉、质感上天差地别；再好的茶，久泡后都会浸出涩味。她想，如果把传统茶道与办公室环境结合，让袋泡茶也能泡出茶道般细腻的口感，那么一定会得到追求高品质生活的年轻人的青睐。

为了找到一款从香气、滋味到回甘等各方面都符合办公室饮用且适合装在滤袋的原叶茶，她和她的伙伴们实验了至少上百种，经过温度、味道的测试，最终选择用冻顶乌龙作为滤泡茶的原料。在滤袋的选择上，她同样精益求精，把从各地厂商那里搜来的不同材质及式样的滤袋进行反复试验，最后终于找到一种符合要求的滤袋，这种材质的滤袋吃水量大于80%，通透率达到30%，能够完全过滤茶渣，并最大程度优化茶叶的浸泡时间和冲泡时间，防止茶叶的苦涩味被析出。

然而，创业的过程比她想象的更艰难。当她辛辛苦苦把做好的滤泡茶试用装投放到市场上后，反馈信息却并不如她所愿。一些客户试喝了滤泡茶，虽然觉得和原来的袋泡茶相比口感好了许多，但是冲泡过程还是很不方便，不知道如何处置第一泡后的滤袋，直接扔掉的话有点可惜，但浸泡太久味道又容易变得苦涩。的确，好的原叶茶一泡就扔简直暴殄天物，因为这样的茶叶至少可以冲泡三次而保持口感不变。之前，彭少仪是考虑过这个问题的，她当时的想法是让大家自行挂在别的杯子上，但现在看来，大家想得到的不仅仅是一杯茶，还有被人照顾和尊重的感觉。

认识到这一点，彭少仪努力从人性化角度去考虑如何对产品进行改进。经过再三摸索，她设计出了一款纸质防水茶托，这样一来，每泡三分钟就可取出茶包放在茶托上，方便再次使用；而造型文艺范的茶托不仅能放茶包，还能盛零食、碎屑，甚至做烟灰缸，总之，可以被用户在任何场景使用。

2015年5月，彭少仪终于打造出一款口感与特点都最适宜办公室饮用的茶，首批产品300份盒装茶通过社交网络营销的方式，3天之内全部售罄。她发明的挂耳滤袋加原叶茶冲泡方式——"办公室滤泡茶"也成功申请了专利。

如今，在彭少仪的带领下，山茗公司正以极快的速度发展着，他们已经相继推出三代产品，并得到两轮融资，线上淘宝店和线下实体店也都在紧锣密鼓地筹备当中。

从北漂台妹到"千万级"茶娘，一路走来，彭少仪感触最深的是自己对初心的坚持，她觉得只有坚守初心，知道自己最想做的是什么，才能不断趋于更美好的自己。

是啊，不忘初心，方能始终。就像彭少仪说的，因为我知道自己想要什么，所以才会全力以赴。在忙碌、喧嚣的当下，我们每个人都需要将我们的"初心"好好珍藏，用智慧和汗水，闯出属于自己的一片天空。

不做那只温水中的青蛙

他出生在乌克兰的一个小村庄里，16岁时，和母亲移民到美国。18岁时，他疯狂地爱上了计算机编程，并废寝忘食地迷醉在代码和语句的世界里。和所有怀抱梦想的年轻人一样，他相信硅谷是一个诞生互联网奇迹的地方，在这里，他能够成就自己的辉煌。

他精湛的编程才华被一家计算机公司看重。在这家公司工作的几年里，他的职位不断得到提升——由原来的程序员到现在的部门主管，薪水也一涨再涨。可是，部门主管的事务性工作总是占用他太多的时间，他已经好久没有享受到编出一个程序带给他的那种快乐了。

一天，他偶然翻到一本杂志，看到一篇文章中提到"温水煮青蛙"的故事，说的是把一只青蛙突然扔到热水锅里，求生的本能会使它敏捷地跳出来；但如果把它放在温水里，然后慢慢加热，刚开始它会很舒适地游来游去，等它发现太热时，已经失去力量跳不出来了。其实这个故事他早就听说过，只是从来没有在意过。就在那一刻，他想到了自己，目前的自己不正像是那只温水中的青蛙吗？长期处于一种安逸、舒适的环境中，他似乎已经忘记了自己是谁，自己想要什么。

"不，我不能成为那只温水中的青蛙。"他暗自下定决心。恰在此时，他的一个伙伴阿克顿来找他，希望两个人联手创业。创办自己的公司，这是每一个迈入硅谷的年轻人的梦想。于是，两个年轻人一拍即合。

然而，创业是艰难的。刚开始，他们只是承接一些零散的软件设计。那段时间是他人生中最难熬的日子，生活上常常入不敷出。一次，他听到身边一个朋友抱怨，说健身房禁止人们在健身时打电话，于是把手机信号屏蔽了，致使他漏掉了一个重要的电话。说者无意，听者有心，作为一个软件工程师，他看到了其中的商机，"如果设计一款功能简单又实用、方便的社交通信类的应用软件不就可以解决这个问题了吗？"他决定打造一个有别于社交网络应用（如脸书和推特）的全新的网络即时通信平台，来替代手机短信和语音通话。

他把这款应用取名为"WhatsApp"，因为它念起来就像在说"有事吗"，他的想法是，使用这款应用之后，手机用户的通信录上便可显示好友当前的状态，比如是否在通话、正在健身或者在影院等，倘若状态发生变化，也会及时发出推送通知。这个设想得到了很多人的赞赏。受到鼓舞的他立刻行动，经过反复地研究、测试，终于成功设计出这款应用程序。

WhatsApp一经推出，许多人开始使用并迷恋上了它的即时通信功能，人们评价说："哪怕是相隔半个地球，我们也能即时取得联系，而且联系的设备也是随身携带的，简直太神奇了。"2009年12月，他又研制出升级版，加入了发送图片功能。随后，应用这款软件的用户不断增长，短短4年时间就吸引了4亿多用户，并以每天新增100万用户的速度继续发展。

没有广告，没有游戏，仅仅提供很少的服务便在以智能手机为主的短信应用领域独占鳌头，吸引世界各地数以亿计的人使用，他的这款应用程序立刻引起了全球社交网络巨头——脸书的关注。2014年2月19日，脸书首席执行官扎克伯格与他达成协议，以190亿元的价格收购了他的公司。这起互联网领域里十年来最大的收购案让外界惊叹不已，也让他这样一个名不见经传的小公司创始人一跃成为身家百亿的硅谷新贵。此时，他的名字才广为人知，而他所开发的软件也成为了美国版的"微信"。

他的名字叫简·库姆，面对蜂拥而至的记者，不善言辞的他腼腆地微笑着说："其实，每个人身上都有无穷的潜力，就看你愿不愿意挖掘它。因为不愿做一只温水中的青蛙，才让我有勇气放弃当时的生活，也才成就了今天的我。"

确实，坚持心中的梦想，不做温水中的青蛙，总有一天，你会梦想成真。

想要一个和自己死磕的人生

对于喜欢玩微信的人来说，一年365天，每天坚持发一条微信不是难事，每天坚持发一条语音微信似乎也不是太难，不过，如果在这个语音微信的前面加上一个限制词——60秒，相信许多人会摇头，"每天坚持发一条60秒的语音微信，这怎么可能呢？"是呀，语音嘛，难免要受到内容、语速等因素的影响，哪能这么精准，不多不少就60秒，还得差不多每天同一时间发？可是，还真有人做到了，并且在短短一年多时间打造了一个自媒体品牌"罗辑思维"，并通过"史上最无理的会员计划"收入了近1000万元人民币。他就是"罗辑思维"的主讲人，被人们亲切称为"罗胖"的罗振宇。

2012年12月，曾担任央视《对话》《经济与法》等节目制片人的罗振宇，与人合作创办了"罗辑思维"。每天早上6点半左右，打开"罗辑思维"公众号，便可以听到一条罗胖60秒的语音资讯，或是一个观点，或是一点心得，所说话题包罗万象，涉及科学、文化、历史等众多领域。目前，关注"罗辑思维"公众号的人已经有100多万了。

60秒的语音，收听的人觉得没什么难的，也就一眨眼的工夫，可做起来还真不是件容易事。首先是在时间的把握上，必须坚持每天早上6点半左右发，而且不多说不少说恰好60秒，这个难度相当大。有人曾经问罗胖，他怎么就把握得那么精确，一年365天，每天都一秒不差？罗胖笑着说，最开始的时候，他也把握不好时间，一条语音他要练习几十遍，从语速、语气、吐字上一点点调整，直到非常流利，保证精准至60秒，才正式录音。另外，在内容的选择上也不容易，每天一段话可随意不得，必须有独到之处，否则在如今资讯满天飞的互联网时代，是无法形成自己的独特风格和人格魅力，让受众满意的。一花一世界，一叶一菩提，摘选品质比较高的一花、一叶来抒发感想，引发思考，保持住一个风格，一个水准，又贴近现实，何其容易？

其实，对于罗胖的每天60秒，有很多人不理解，觉得在时间上要求如此精准意义不大。但是，在罗胖看来，60秒代表一种仪式感，代表对用户的尊重。一个品牌，或者一个人，只有通过这种死磕精神才能获得用户发自内心的尊重与热爱。什么是死磕？罗胖是这样解释的："死磕不是指做一件很难很难的事情，而是把一件看起来并不太难的事情，磕到死为止。"

也许，正是这60秒的"死磕自己，愉悦大家"的诚意和坚持，成就了罗胖和他的"罗辑思维"。

熬是出发与成功的中间点

　　提起陈昊芝的名字，很多人可能并不知道，但说起一款名为《捕鱼达人》的APP游戏，相信数以千万计的手游玩家无人不知。这款仅次于《愤怒的小鸟》的游戏，便是陈昊芝和他的触控团队开发出来的。2011年4月，《捕鱼达人》上线后三个月收入500万元人民币，连续6周被苹果首页推荐，在33个国家的应用商店中下载排名第一。依靠这款游戏，触控公司一年多时间完成三轮融资，总额达3200万美元。

　　然而，这一切对于陈昊芝来说，来得太不容易了。

　　陈昊芝的创业梦由来已久。初中时，他就经常阅读一些财经报刊，了解商业信息。初中毕业，他不顾父母反对，选择就读职业高中，理由是可以尽早踏入社会。1998年，职高毕业两年后，他毅然走上了创业的道路，办了一个个人网站。之后不久，这个网站被金山软件公司的雷军看中。1999年，陈昊芝以个人网站作价入股，与雷军创办卓越网。

　　少年得志，让陈昊芝有点飘飘然。那时候，互联网领域方兴未艾，他觉得自己有足够的能力在这个领域游弋自如。2000年，他撤出卓越网，创办了一家电商网站，但是，没经营多久便宣告失败。之后的几年时间，他的创业路越来越不顺利，他与人合伙创立了一个汽车资讯网站，后因为合伙人间的纷争被卖出。2007年，他又先后投资两家网站，均遭遇关停。

接二连三的打击让陈昊芝一度患上了忧郁症，头发大把大把地变白。妻子劝他找一份安安稳稳的工作，别再折腾了。他也陷入了迷茫中，"难道自己的选择是错误的？"他开始第一次面对是否还要继续互联网创业的选择。

年迈的母亲看他天天愁得睡不好觉，听别人说有一种黑米桂圆粥可以治失眠，就立即买了黑米、桂圆给他熬。母亲做出来的粥，稀稠适度，清香扑鼻，吃起来绵软温润，让他的食欲大振，他已经好久没有喝到这么好喝的粥了，他问母亲是怎么做的，母亲淡淡地说："这粥啊，得耐住性子，用文火慢慢熬，熬到一定时间，熬到位了，它才会好喝。急火攻心是熬不出好粥的。""急火攻心是熬不出好粥的。"他在心里默念着母亲的这句话，刹那间，他豁然开朗：如今的自己真的是有点过于心浮气躁了。好粥需要熬，人生不也是一个熬的过程吗？都说人生就是一场马拉松，那么拼的就不仅是速度，还要看谁能挺得住，熬过来。熬得住，才会柳暗花明。

醒悟过来的陈昊芝开始冷静面对自己，他发现，从20岁辞职创业，在互联网还是萌芽阶段自己就进入这一领域，从商业的敏锐度来看，自己还是很有优势的，之所以接连失败，都是性格使然。意识到了存在的问题，陈昊芝信心倍增。

2010年，陈昊芝注意到了高速发展的移动互联网，在考察了大多数热门的手机应用方向后，他认为手机游戏的发展空间最大。他的想法得到了苹果开发者社区创办人刘冠群的赞同，共同的梦想让他们走到了一起，他们合作创建了触控科技。2011年1月，当来自波兰的一款名为《愤怒的小鸟》的游戏风靡全世界的时候，陈昊芝和他的团队正在紧锣密鼓地研发一款能够在手机上玩的"捕鱼"游戏。

2011年4月，《捕鱼达人》上线，据统计，当年国内一共5000万台智能手机，而《捕鱼达人》的用户达3700万，覆盖了80%的用户群。《捕鱼达人》犹如一匹黑马，跻身于当年最热门也最赚钱的手机游戏之列，让名不见经传的触控科技一跃成为手游新星。

2012年5月，陈昊芝荣登《财富》"中国40位40岁以下的商界精英"榜单。回顾自己的创业经历，陈昊芝深有感触地说："人生总有低谷，重要的是学会挺过来，熬得住。因为最难熬、最糟糕的时候，恰恰是最具有'财富'的时候。这些糟糕会让你更加清楚努力奋斗的意义，让你学会思考，让你知道去如何完善自己。能熬过最低谷的日子必然能成就最辉煌的一页。"

是呀，熬是出发与成功的中间点，身处逆境，苦熬能挺住；陷入危机，苦熬撑得起；适逢险阻，苦熬能过关。挺过低谷，才能熬出辉煌！

1 万颗棉花糖粘起来的梦想

　　她叫米歇尔，从小就喜欢画画，在绘画方面很有天赋。可是母亲身体不好，父亲又经常失业，家里的日子总是很拮据，哪儿还有钱供她专门去学画画啊！

　　她只好把自己画画的梦想深深地埋藏在心里。但是，不管生活多么艰难，只要有时间，她就拿起画板。

　　时光荏苒，二十多年过去了。一天，她带5岁的女儿去天使蛋糕房买蛋糕，看到那么多好看的蛋糕，女儿踮起脚去看，却失手把柜台上的一个大蛋糕打翻在地上。看到被毁坏的蛋糕，老板愁眉苦脸，原来这个蛋糕是一对新人为结婚典礼专门定做的，半个小时后就要来取，而为这款蛋糕做图案配色、裱花装饰的糕点设计师刚刚有事离开了。

　　因为有一些美术功底，平时自己也做过蛋糕，情急之中，米歇尔向老板请求："让我试试吧，也许我能做。"当她把做好的蛋糕摆放在大家面前时，所有人都惊呆了——用果酱、奶油制作出来的立体海景上，两只小海豚相依相偎，海藻和珊瑚在海里摇曳，简直太漂亮了，和原来的相比一点也不逊色。她暗自松了口气。

第二天，米歇尔接到蛋糕房老板打来的电话。原来，昨天她做的蛋糕特别受欢迎，很多人想要定做，于是老板想聘请她来自己的蛋糕房工作。这个电话让米歇尔突然想起了自己年少时的梦想，也许，可以在甜蜜的蛋糕上实现。

于是，米歇尔接受了邀请，成为天使蛋糕房的一名糕点设计师。各种颜色的奶油、果胶、果酱变成了她手中的画笔，通过巧妙的搭配组合、勾勒涂抹，幻化出色彩斑斓的奇迹。她做出来的蛋糕，创意独特、造型新奇、图案精美，深受顾客的喜爱。

一天，她在电视上看到一则消息：为了纪念意大利艺术家米开朗琪罗逝世450周年，要举办一场活动，收集各种具有创新意味的艺术品。她在心里默念："艺术品？创新？"忽然，她萌生了一个大胆的想法，蛋糕也可以用来创作呀！经过反复考虑，她决定在蛋糕上创作米开朗琪罗的绘画代表作《创造亚当》。她想："用蛋糕的形式把这幅壁画还原出来，也许会给人们耳目一新的感觉。"

有了这个想法之后，她很快便付诸行动。她先用电脑软件对《创造亚当》的原作进行扫描，然后加工成线条和数字符号，确定好尺寸后打印出来。接着，根据画作的色彩，她调配24种不同颜色的蛋糕屑为底色，棉花糖为配饰，再用糖粉、黄油和香草糖霜等制成"黏合剂"，把所有的原材料粘贴在一起。说起来似乎仅仅是粘贴，但要想把细碎的、不同色彩的蛋糕屑极其均匀地粘贴到画作上，是相当不容易的。每天晚上，米歇尔都要趴在那副巨大的蛋糕画布前工作几个小时，仅制作"创世纪"就花费了168个小时。历经半年，一幅长约570厘米、宽约280厘米的蛋糕壁画终于完成，整幅作品使用了总计1万颗的棉花糖以及40公斤的蛋糕屑。

这幅独一无二的"蛋糕亚当"一经问世便引起了轰动，伦敦圣潘克拉斯教堂专门开辟出一个画廊来展出它，每天来参观的人络绎不绝。有关人士称，这是一次艺术上的创新，是一个奇迹。看到自己的作品得到如此盛赞，米歇尔激动万分，自己小时候的梦想终于成为了现实。当记者闻讯赶来采访她时，她说得最多的一句话是："只要心怀梦想并愿意为之付出不懈努力，每个人都可以成为奇迹。"

是呀，只有心中有梦的人，才会有梦想成真的一天。只要不放弃，任何一条小径，都会把你引向梦想实现的彼岸。很多时候，成功只青睐那些心怀梦想并为之努力的人。

只有抛弃梦想的人，没有抛弃人的梦想

2014年3月，一个新开发的互联网垂直招聘网站上线，仅仅几个月时间，就拥有近500家企业用户，累计个人用户达4万，随后，它被一家著名的风投机构看中，获得百万级天使投资，成为之前一些老牌招聘网站（如拉勾网、内推网）的有力竞争对手。它就是内聘网，创办人名叫肖恒。

同许多年轻人一样，早在大学读书期间，肖恒的内心就萦绕着一个梦想——自主创业，开办自己的公司。那时候，互联网事业蓬蓬勃勃，造就了一个又一个创业传奇。肖恒在大学学的是计算机，读研究生时又专攻软件与微电子，他踌躇满志，期望自己能够学有所用，在互联网领域开创出属于自己的一片天地。

踏入社会之后他才发现，除了满脑子的专业知识，自己两手空空，想要创业，谈何容易！恰在这时，他得知日本一家公司急需计算机研发方面的人才。肖恒心想："这家公司是世界500强企业，如果在那里积累一些工作经验，肯定会对以后的创业有所帮助。"可是，去日本，首先要懂日语，而他除了简单的问候，连一句完整的日语也不会讲。所幸这家公司看中了他的专业水平，破格录用了他。

初到日本，一切都很艰难，特别是语言方面的障碍让肖恒吃尽了苦头。为了尽快学会日语，肖恒像蚂蚁啃骨头一样，从最简单的单词发音学起，他在宿舍的墙壁上贴满了日语单词、短句。由于长期、高强度的听力练习，一年后他便落下了耳鸣的病根子。与此同时，他的日语水平大涨，与人交流不再是问题。那段时间，无论多难，肖恒始终抱着一个目标，那就是积累经验，为日后的创业打好基础。

四年后，肖恒终于有能力创办自己的公司了。于是，2007年7月，他注册成立了一家人才派遣公司，不料受到2008年日本经济危机企业裁员的影响，仅坚持了两年，公司就倒闭了。

这一次创业失败，肖恒在日本辛苦打拼的积蓄全都打了水漂，并且欠了一屁股债。之后他选择了回国，应聘去了华为，负责华为欧洲片区的项目拓展。

在华为工作，待遇非常不错，北京和欧洲两地跑的日子也带给他截然不同的生活感受。但是，这种安逸、富足的生活并没有让他忘记自己的梦想，2012年4月，肖恒开始了他的第二次创业。这次他做了一个叫"职来职趣"的职业社交网站，但由于选择的点出了问题，一年半后，又以失败告终。

两次创业失败给予肖恒沉重的打击。父母不理解他，周围的朋友也用一种异样的眼光看他，觉得他有点好高骛远。肖恒一度变得消沉，他开始怀疑："难道创业这条路真的不适合自己？"这个时候，他刚刚做了父亲，事业的不顺让他把全部心思放到了孩子身上。

一天，他陪孩子看一部名为《极速蜗牛》的动画片，原本对动画片并不感兴趣的他看得入了迷，被那只名叫特伯的菜园小蜗牛深深地打动。特伯一直渴望成为世界上最伟大的赛车手，而这个荒唐的梦想却使他遭到了蜗牛族群的唾弃。然而，在一次离奇的意外中，特伯获得了非凡的能力，并逐步接近了他曾遥不可及的梦想：与世界知名赛车手"盖"在"印第500"赛车比赛中一较高下。一只小小的蜗牛尚且如此执着地追逐梦想，自己又有什么理由放弃呢？肖恒陷入了沉思。为了梦想，像那只小蜗牛一样坚持下去吧！只有坚持才会让那些看似不可能的成为可能！

肖恒重新振作起来，先是花费很大的精力做了市场调研，对上一次的创业失败进行总结。在他看来，单纯依靠一个线上的社交网站很难形成彼此互惠互利的关系，正是因为这一点才导致了"职来职趣"的失败。对职场人士来说，求职才是刚需，如何让招聘方、求职方都能从刚需中享受到更好的服务，这便是自己的机会。基于这样的想法，肖恒创办了内聘网，即通过对双方需求和条件的分析，把合适的人推荐到相对合适的职位，从而完成招聘过程。

虽然类似的互联网垂直招聘网站有很多，但大多数公司更像是在做信息平台：吸引招聘方和应聘者入驻，形成庞大的供需信息网。相比之下，内聘网是按需求和资料信息的匹配程度排序推荐，包含了更多人性化的体验和理想化的东西。因此，上线仅仅两个月，内聘网就向企业成功推荐求职候选者1000多人，面试率达到50%以上。

当然，对于肖恒来说，创业才刚刚开始，未来的路还很长。但是，这次创业成功让肖恒明白，其实梦想没那么遥远。面对记者，肖恒信心满怀："没有抛弃人的梦想，只有抛弃梦想的人。只要认定目标，坚持不懈地朝着目标努力，总有一天能到达梦想的彼岸。"

输在起点，赢在终点

　　他出生在孟买的一个贫苦家庭，七八岁就开始帮父母赚钱养家，早年的经历让他深深体会到低种姓阶层生活的不易。他的父亲在火车站开了一个茶摊，每天放学，别的小孩都高高兴兴回家了，他却要背着书包，一路赶到车站，帮父亲卖茶。每次看到曳着长烟，奔驰而来又疾驶而去的火车，他年少的心里总是会生出无限的向往，他幻想自己正坐在那一排长窗的某一扇窗口，无穷的风景渐次展开……

　　也许，正是抱着这样一份向往，他比同龄孩子显得更加成熟。他知道，在这样一个等级制度森严的社会，像他这样处在社会底层的人，只有通过努力才有可能改变卑微的命运。于是，他通宵达旦地涉猎各种知识，无数个夜晚，就着如豆的油灯，他如饥似渴地读着借来的各种书籍，几乎把小镇上图书馆里的书全都读完了。书读得越多，他的心里变得越不安分，他苦苦思索：如何才能让自己的一生更灿烂，更有价值？从政的梦想在那一刻悄悄萌芽。

　　然而，他的想法却遭到了周围人的耻笑，人们都说他是异想天开。是啊，一个卖茶的穷小子竟然想要从政，简直是痴人说梦。面对那些耻笑，他毫不在意，而是积极参加各种社会活动，坚持为实现自己的梦想做着各种努力。

卑微的出身却像牢笼一样禁锢着他，父母并不支持他，在他们看来，人的命，天注定，娶妻生子，过安稳的生活就足够了，况且周围的人不都是这样的吗？他们按照传统为他订了一门"娃娃亲"，并在他18岁那年，强迫他完婚。无奈之下，他只好按照父母的意愿完婚。暂时的妥协并不意味着他放弃了自己的梦想，没过多久，他便不辞而别，偷偷离开了家乡。

当时的印度政坛风云变幻，经济停滞不前，民众苦不堪言。两年的漂泊生活，不仅丰富了他的阅历，磨炼了他的意志，也让他更明确了自己的梦想：做一个勇立潮头的人，为自己的国家和民众做一些有意义的事。于是，他重新回到家乡，并加入了国民志愿团，一边经营茶摊，一边参与一些政治活动。

卑微的出身和对贫穷生活的见证与体验，让他更能设身处地为普通劳苦大众着想，所以他经常在一些刊物上就民主问题发表评论，他评论的文章视角敏锐、观点犀利，一度在印度政坛引发广泛议论。慢慢地，他的政治才能开始崭露头角，被更多的人关注。

1985年，他加入成立不久的印度人民党，几年后，被任命为人民党古吉拉特邦秘书长，正式进入主流政治圈。之后，犹如一颗政坛明星，他的影响力越来越大，凭借卓越的领导能力，他先后担任人民党全国秘书长、人民党总书记、古吉拉特邦首席部长。2014年5月的印度大选中，他又以绝对优势战胜出身政治豪门的国大党领袖拉胡尔·甘地，登上最高政治舞台。

他的名字叫纳伦德拉·莫迪。从昔日的街头小贩到如今12亿人的大国总理，莫迪以自己的传奇经历告诉人们："起点的高低并不意味着终点的高低，低起点更能磨砺一个人的心气。再卑微的起点，只要你肯努力，终点同样可以精彩无限！"

　　的确，在人生的跑道上，不必过于在意起点的优劣输赢，因为起点仅仅只是一个开始，它并不能够决定终点。只要心存梦想，并坚持不懈地为之努力，每个人都可以书写自己的传奇，最终赢在终点。

第二篇
任性的青春也出彩

　　来过，爱过，幸福过，像鲜花绽放过，足矣。人的一生，漫长而又简短。活，就要活出自己的个性，活出自己的精彩。如姚贝娜，听从内心的声音，绽放生命的绚烂！

任性的青春也出彩

但凡朱子礼认准的事，就一定会竭尽全力去做，任凭别人怎么说，他都不会做出改变，为此，父母总说他太任性了。

高中的时候，他疯狂地迷上了写作，并兴致勃勃地和几个同学成立了一个文学社。每天除了完成当天的作业，他把所有的心思都放在了阅读、写作上。高三那一年，面对激烈的高考竞争，之前喜欢写作的同学都慢慢放弃了，唯独他，依然挤时间看书、写文章，时不时还把他写的文章、诗歌发表在报刊上。父母心急如焚，怕痴迷写作影响他的学习，考不上理想的大学，因此不允许他再看、再写。明的不行，他就来暗的，背着父母偷偷看，偷偷写。他觉得，为兴趣而任性，才能让青春有无限的可能，相对于上所谓的名牌大学，他更愿意听凭自己内心的召唤。

因为父母都是做生意的，朱子礼从小养尊处优，没为生计发过愁。然而进入大学不久，朱子礼的父母因为投资一个新项目失败，欠下了巨额外债。尽管父母竭力隐瞒，不想让儿子有压力，但懂事的朱子礼还是察觉到了家中的窘境。

从此之后，他开始利用课余时间疯狂地兼职——发传单、端盘子、卖电脑、当导游……每天像陀螺一样，穿梭在课堂和兼职岗位。看到朱子礼天天忙于兼职挣钱，父母担心影响他的学业，再三劝阻，却丝毫不起作用。朱子礼告诉父母，说他已经是成年人了，知道自己应该做什么，身为堂堂男子汉，他应该为父母分忧解难。

虽然打工很辛苦，但收入毕竟有限。朱子礼意识到，要想真正帮助家里，仅凭这样给人打工是远远不够的。于是，他想到了创业。大一下学期，学校里的一个饭店因经营不善有意转让，知道这个消息后，朱子礼顿时眼睛一亮，打算接下来。得知朱子礼的想法，父母坚决反对，叫他不要瞎折腾，好好地把大学读完。

朱子礼的执拗劲儿一上来，谁也挡不住。经过考察，他发现，饭店之所以效益不好，主要在于定位有点高，饭菜价格高，不适合学生这个消费群体。他打算换一个方向，开一个甜品店，不仅投入少，也比较对学生的胃口。于是，他瞒着父母，找同学、朋友借了10万元钱，硬是把甜品店开了起来。起初甜品店生意并不好，朱子礼开动脑筋，利用互联网来做广告，之后，他打入学校团委、学生会、社联、学生干部的QQ群、微信等社交平台，为同学们提供各种实用性讲座信息、兼职信息的同时悄悄植入自己小店的广告。

甜品店的生意越来越好，为朱子礼赚取了人生第一桶金，也打开了他的思路和眼界。随后两年多，他又陆续盘下学校周边4个门店。毕业时，他已有餐饮、台球馆等5家门店，年收入过百万。

拥有这5家门店，朱子礼理应感到满足，可是，任性的人从来不按照常理出牌。如果说大学期间的创业只是为了还债、改变生活，那么现在，朱子礼更愿意为自己的理想去任性一回。

打工、创业的经历让朱子礼比一般大学生更早地接触了社会，也让他对人生有了更深的领悟，阅历的增加更是激发了他的创作欲望，让他想起了曾经的梦想。他发现，比起经商、做生意，自己真正感兴趣的还是写作和跟写作有关的事。于是，毫不犹豫，他将所有门店交给父母打理，自己重新拿起了笔。这一次，他有着更高的目标，他要把爱好当成一项事业去做。如今，他的文章经常被刊登在各种报刊上，并成为一些著名杂志的签约作家。他还创办了一个培训网校，开展写作培训，帮助更多的文学爱好者实现心中的梦想。

对于儿子的任性，父母早已习惯。一路走来，他们也慢慢地理解了儿子：有时候任性并不一定是坏事，因为任性，所以尝试，因为尝试，才把可能变成现实。任性在某种程度上成了实现梦想的催化剂、助力器。

2015年年初，朱子礼被评为"湖南90后创业年度人物"。在接受记者采访时，朱子礼踌躇满志："青春就需要放开手脚去干，因为，任性的青春更出彩。"

是啊，谁的青春不曾任性？因为年轻，所以任性。但是，只要我们愿意，任性完全可以拥有崭新的含义，它可以代表执着，代表担当。持有实现想法的冲动，还有昂扬的斗志和坚韧的干劲，这样的任性，便能够一路披荆斩棘、高歌猛进！

卑微的生命也能绽放耀眼的光彩

面对观众如潮的掌声和纷飞的泪水，站在舞台中央的周玮孩子气似的笑着，有点局促，更有些不解。这一切来得太突然了，让整日生活在歧视和异样目光中的他不知所措，他紧紧地拉着姐姐的手，有些茫然地望着台下沸腾的人群。

曾经，周玮的世界是没有掌声的。

1990年，周玮出生在佛教圣地五台山下的一个小山村。随着他一天天长大，家人发现已经快两岁的他还不会说话，走起路来也歪歪扭扭，嘴里经常流口水。父母赶快带他去医院，诊断结果为顽固性低血糖造成的智力发育低下。家人不甘心，带着他四处求医问药，但效果一直都不明显。他的症状越来越严重，智力发育迟缓，样子也越长越怪。

无论外界怎样看待周玮，母亲从来没有放弃过他。到了该上学的年龄，因为他的智力和长相，许多学校都不收。每次新学期开学，母亲就到处求人，直到他10岁那年，才有学校勉强同意让他旁听。这时候的周玮虽然智力上和同龄人相比要弱许多，但奇怪的是，他对数字异常敏感。

一次，母亲带他去一个亲戚家，亲戚的女儿正在写作业，被一道比较复杂的计算题难住了，她喃喃自语，反复地念叨着，一旁的周玮冷不丁地说出了一个数字，当时她没有在意，后来发现正确答案竟然和周玮说的一样。要知道，周玮那时候只是一年级的旁听生，刚刚开始学最基本的加减法，而这个女孩做的可是复杂的四则运算。

虽然对数字有着独特的领悟，可其他方面依然跟正常孩子有着很大的差别，语言发展尤其迟缓——不能理解别人说的话，也不会表达自己的需求，更不用说识字认字了。因此，在学校，周玮经常遭受同学的歧视和捉弄，以至于他对上学产生了恐惧，小学没念完，他就回家了，再也没进过学校的门。

家里开了一个杂货店，周玮大多数时间都待在店里。没事的时候，他就拿着计算器摁来摁去，然后长时间地发呆，沉浸在一个不为人知的世界里。没有人知道他在想些什么，即使家人也无法和他交流、沟通，进入到他的内心。偶尔，周玮也会有一些出人意料的表现，比如，店里遇到一些比较难算的账时，还没等计算器算出来，他就心算出来了，而且一说一个准。

"看上去傻乎乎的儿子为啥在计算上这么准，他有什么超能力吗？"带着疑惑和希望，2006年7月，周玮的母亲找到当地报社。当地媒体对周玮数学方面的神奇能力进行了报道，之后，央视的《走近科学》栏目也慕名前来，并请中科院的专家对周玮的大脑进行检测，检测结果显示，他的大脑在运算时确实与常人不同。

2014年1月，周玮走上江苏卫视的舞台，参加《最强大脑》的竞选。面对三道十分复杂的超多位运算题目——乘方计算、16位数字的14次开根号运算、乘方和开方的复合运算，连计算机都无法完成，周玮只用心算就报出了准确结果。这个被诊断为"中度脑残"的农村小伙子，以其神奇的计算天赋震撼了现场的每一位观众，更引发无数人为之感动，镁光灯下的周玮在那一刻成为万众瞩目的焦点。

世上没有两片同样的叶子，每一片叶子都是独特的。周玮的故事，让我们明白，每个生命都是这个世界最宝贵的存在，有些人看似卑微，却有着我们意想不到的才能，我们要做的，是尊重并关爱他们，抚平他们的创伤，治疗他们的疾患，同时给他们提供成长的平台，使他们的天赋异禀有用武之地，同常人一样享有人生出彩的机会。

因为，每个卑微的生命，都能活出最耀眼的光彩。

积极，才能创造命运

他是一个活泼、健康的孩子，每天无忧无虑，然而7岁那年，一切都改变了。

那天，他和往常一样背着书包去上学，教室在二楼，平时上上下下不知多少回了，可那天他刚上了两级台阶就感觉双腿发软，在几个同学的搀扶下，才勉强上了楼。坐到座位上，他想把书包拿下来，可手软绵绵的，一点劲儿都使不上，书包一下子滑落到地上。老师觉得奇怪，立刻通知了他的父母。

父母匆忙赶到学校，带他去了医院。经诊断，医生说他得了一种罕见的疾病，肌肉会慢慢无力，到十三四岁时可能无法行走。这一结果令他的父母悲恸欲绝，并倾尽全力带他四处求医问药，依然没有办法阻止病情的恶化。13岁那年，他的四肢都失去了知觉，从医生断断续续的话语以及父母忧虑的眼光中，他对自己的病情有了更多的了解。想到自己一辈子都要与轮椅为伴，他号啕大哭。这一次，母亲没有过多地安慰他，任他哭个够，等他平静下来，母亲拿出一个剪贴本，说："这是我从报纸上剪下来的，你看看，或许对你有点用。"

他翻看着剪贴本：双臂只有十多厘米长，从小就被视为怪物的汤

展中，凭着坚强的毅力，坚持用脚练习作画，创作的作品还多次获得
大奖；法国人菲利普·克罗松，因触碰高压线被截肢，但他每周坚持
35小时的魔鬼训练，终于实现了做游泳健将的梦想……原来，自己远
不是最惨的，还有这么多人和自己一样，承受着身体上的巨大残疾。
想到这些年为了给自己看病，父母所付出的艰辛和努力，再看看手中
的剪贴本，懂事的他明白了母亲的苦心。他暗暗下定决心，要像汤展
中他们那样，勇敢地面对残疾，做自己命运的主人。

那一年，他刚上初中。几年来断断续续治病，他的功课落下不
少。为了尽快赶上，他废寝忘食，拼了命地学习。为了方便他上学，
父母在学校附近租了一间简陋的民房。可是，由于四肢都已出现了肌
腱挛缩，即使坐着轮椅，他要独立行动也非常艰难，因此，每天上学
他都要由父母接送。平路上还好点，遇到上楼梯，父亲就背着他，先
把他送上去，再回去扛轮椅。在学校，他一坐就是一天，由于坐的时
间太长，屁股都磨出了血泡。就这样，在如此艰难的条件下，他坚持
读完了初中、高中。

努力总有回报，2012年，他以高出一本分数线72分的优异成绩考
入一所重点大学。像他这样高度残疾的孩子，能考出如此好的成绩，
所付出的种种努力和汗水实在令人无法想象。当然，这一路走来，他
的内心时不时会痛苦和挣扎，甚至想到过放弃，可每当他想要放弃的
时候，就会想起妈妈常说的一句话："没有人能救得了你，只有你自
己。"是呀，既然自己的命运已经如此，那么，坚强地去面对它，才是
自己命运的出口。

上了大学以后，他萌生了写小说的冲动。然而，写作并没有想象
的那样容易。由于双手无法抬起，电脑键盘对他的10个手指来说显得
过于宽阔，他根本无法在上面敲字。于是，他想到在手机上写，即使

这样，他也不能游刃自如，每写一个字都十分吃力。

无数个夜晚，当整个城市都已经沉睡，他坐在轮椅上用两根拇指艰难地"捏"出一个又一个汉字。就是在如此艰难的情况下，他以每天3000字的更新速度创作了一部名为《一叶倾城》的网络玄幻小说，并拥有了众多粉丝。没有人知道，这18万字的背后，他付出了多少艰辛，那真是精神和体力的双重考验。

他的名字叫李可。他的事迹被传开后，有人问他，"命运对你如此不公，是什么支撑你坚持下来的？"他这样回答："命运给我的，我不一定要接受。因为我坚信，积极才能走出厄运。"

是的，生命有无数的可能，即使在命运战场中占了弱势，只要不抱怨，不放弃，积极进取，勇敢地与命运搏斗，就一定能走出一片新的天地。

断了退路，才有出路

21岁那年，大学毕业的燕君芳决定放弃留校任教的机会，回家养猪创业。得知女儿的决定，年迈的父母坚决反对，村里人更是议论纷纷，有人说："燕家这女娃不会是在学校受什么刺激，变傻了吧？放着大学老师那么好的工作不要，硬是回来养猪。"

面对乡亲们的议论和父母伤心的眼泪，燕君芳犹豫了。对于一个贫困的农村家庭来说，培养一个大学生可不是件容易事，她非常理解父母的心情。当初为了供她读书，父母吃苦受难，就盼着她能够走出小山村，去城里过上好日子。现在她却要重新回到村里做农民，难道真如乡亲们所说，她变傻了？

"不，不是这样的。"燕君芳在心里对自己说。她想到了在西北农林科技大学读书的日日夜夜，四年大学生活让她学到知识的同时，也让她的眼界变得更加开阔，如今的她已经不是当初那个只想考上大学走出山村的小姑娘了，她有着更大的梦想——她要创业，用自己学到的知识帮助家乡的父老乡亲彻底摆脱贫穷。

当然，在得知学校打算让她留校任教的那一刻，她确实动过心，因为选择这条路，会让她今后的生活很安逸。可是，她更记得自己的梦想，深知要想让自己的人生有所突破、有所成功，就必须切断所有退路，逼自己一把。

在众人不解的目光中，燕君芳义无反顾地踏上了创业之路——筹资3万多元在家乡办起一个饲料厂。起初，市场上的饲料品种繁多，燕君芳的饲料根本无人问津。后来，细心的她发现所有的饲料外包装都是千篇一律的白色塑料编织袋，于是她别出心裁，将装好的饲料再套上红色的防雨布袋子。别致的包装、张扬的红色吸引了很多人的注意，销路迅速打开，她也因此顺利赚取了人生的第一桶金。

2000年10月，猪肉价格下降，饲料生意受到影响，这使得燕君芳刚刚起步的事业陷入困境。看着积压在仓库的饲料，燕君芳想到了自己办养猪场，说干就干，她从外地引进了一种瘦肉型猪。虽然猪肉市场不景气，但是有充裕的饲料供应，与其他养殖户相比，成本较低，燕君芳的养猪场一度经营不错。然而，创业之路永远难以一帆风顺。2003年，因为配料工人的一次失误，燕君芳养的小猪一夜间全部死光，这给了燕君芳沉重的打击。

那段日子，燕君芳的心情低落极了，她第一次对自己的选择产生怀疑，甚至萌生了打退堂鼓的念头。可是，人生哪有回头箭，平静下来的燕君芳明白，自己没有退路。

痛定思痛，燕君芳发现自己的创业其实走了一段弯路。深思熟虑之后，她决定从提高农民的饲养水平、推广科学养猪技术、建设高标准的"安全商品猪养殖基地"入手，走产业化道路。但是，许多养殖户并不认可，觉得自己养猪多年，经验已经足够丰富，用不着再去学习。燕君芳毫不气馁，聪明的她想了一个办法，给养殖户发钱——一人上一次课给10块钱——以此激励养殖户学习养殖技术。半年多的时间，燕君芳跑遍周边地区的每个村子，光给农户支付的"听课费"就高达5万元。课程结束后，愿意跟她合作生产无公害猪肉的养殖户发展到了200多个。

养殖技术和养殖场的问题解决了，接下来就是怎么销售猪肉。2004年，燕君芳贷款在西安最繁华的地段开办了一家猪肉专卖店，并按约定将合作伙伴养的商品猪回收，以专卖的形式出售。优质可口的猪肉得到了消费者的认可，专卖店猪肉的销量也日益增加。

经过几年的努力，燕君芳创立的本香集团已拥有资产上亿元，发展成为集饲料生产、种猪繁育、商品猪养殖、猪肉深加工、产品连锁专卖于一体的完整产业链，旗下有3000多养殖户，100多家专卖店。

回顾创业经历，燕君芳深有感触地说："许多人在做一件事情之前，通常会考虑给自己留条后路。其实，如果事事留有退路，也就意味着在事情还未开始的时候就已经准备要承受失败了，那么成功的概率肯定小。当初我放弃在高校任教的机会，曾有人嘲笑我太傻，不知道给自己留条后路，现在想来，正是因为当初的不留后路，才成就了今天的我。"

一个人要想成就一番事业，就必须心无旁骛、全神贯注地追求自己的目标。人的本性是懒惰的，当我们无法驾驭自己的惰性和欲望、不能专心致志地前行时，不妨斩断退路，逼着自己全力以赴地寻找出路。燕君芳的故事启示我们：断了退路，更容易找到出路，也更有可能获得成功。

做永远比说更重要

2009年，唯品会还只是一个名不见经传、仅有20多个员工的小公司，甚至因商业模式简单而被一些国内知名电商嘲笑为"清理库存的下水道"。短短几年，唯品会犹如一匹黑马，不仅在美国纽交所成功上市，而且从最初上市时的2亿多美元市值增长到如今的百亿美元市值，其股价仅次于腾讯、百度、奇虎360，跻身为中国第四大互联网公司。唯品会的突然崛起，一时成为电商行业的传奇，一手缔造了这个传奇的温州商人沈亚自然也成为各方聚焦的热点人物。

对于一个企业家来说，能够成为热点人物——报纸上有声，电视上有影，无疑是一件好事，因为可以借此对自己的企业或者品牌起到宣传、推广的作用。奇怪的是，沈亚对这样的好事却无动于衷，他极少接受媒体专访，也很少在电视上看到他的身影。电商圈甚至流传着这样一句话："沈亚是马云最想见的电商人。"既然说"最想见"，可见是没见到，或者说是见之不易。看似一句玩笑话，从中不难看出，沈亚的确不喜欢抛头露面。

其实，沈亚不是不知道宣传和推广的重要性，而是一路走来，他比任何人都懂得：做永远比说更重要。

在创办唯品会之前，互联网对沈亚来说还是一个陌生的领域。一次偶然的机会，他听一个朋友说起自己和身边的许多人都喜欢在法国的一家网站上购买打折的名牌服装，那家网站有一个特点——限时抢购，但因为折扣特别低，又是正品，所以尽管限时，还是很受大家的欢迎。说者无心，听者有意，当时正在寻求创业机会的沈亚从中发现了商机：自己何不在国内也做一个这样的名品折扣店？经过周密的调查、走访，他觉得此举可行。既然可行，那就干吧！他开始着手办理各种手续、购置办公用品、租房、招人……很快，一切就绪。

沈亚踌躇满志，然而事情并不像他想的那样美好。起初，沈亚效仿法国那家网站，做一线顶级品牌，没想到国内的消费者并不认可，他辛辛苦苦从国外购买的各式奢侈品鲜少有人问津。对于国内的普通消费者来说，这些奢侈品的价格毕竟太高了，即使打折，他们也承受不起；而对于那些极少数能够买得起奢侈品的消费者来说，他们宁可去国外实体店原价购买，也不会因为这点折扣而选择在网上订购。更重要的一点是，有能力购买奢侈品的消费人群多集中在北上广，消费群体终究有限。

发现问题的沈亚果断调整了自己的思路：将奢侈品转为中高档大众时尚品牌的方向，主攻二、三线城市消费群。这一次，沈亚非常慎重，为了增强唯品会的核心竞争力，从消费者的喜好、品牌的选择到商品的搭配、价格的制定，沈亚和他的团队做足了功课。

调整方向后，唯品会的交易量一度出现了上涨态势。由于初期规模小又非常低调，许多电商根本没有将唯品会视为竞争对手。就这样，不声不响中，唯品会飞速发展，规模也不断扩大，团队从20多人骤增到3000多人，仓库也由当时的80平方米扩张至40多万平方米。

2012年，唯品会在美国纽交所上市，但由于当时股市低迷，唯品会上市后不仅零盈利，还遭遇亏损。一时间，嘲弄声、质疑声铺天盖地，将沈亚和他的唯品会推到了风口浪尖。面对这一切，沈亚淡定自如，一如既往地保持沉默。只不过，此时的他坐在电脑前面的时间更长了。沈亚心里明白，再美妙的语言也只不过是瞬时的智慧和淋漓的表达，其本身并不证明结果，只有踏实去做才可能摆脱困境。

为了降低成本，提高毛利，沈亚采取了一系列举措：首先，在营销费用方面，不在电视和广告上砸钱，也不请明星代言，那么营销费用花在哪儿呢？在互联网推广上。因为沈亚知道，只有那些天天面对电脑的宅男、宅女才是自己的潜在客户，所以搜索、网址导航和关键词营销才是唯品会的重点。另外，电商要想生存壮大，最主要的环节在物流和仓储，为了做好这一块，沈亚花重金请来曾在华润、当当网任职，有着丰富仓储物流经验的唐倚智，将电商中最主要的仓储物流成本大大地降了下来……

纯规模的粗放式扩张转变为精细化管理，让唯品会在危机中成功逆袭，开始盈利。2013年，唯品会实现净利润5230万美元，成功扭转之前亏损的950万美元。2014年，更是实现了盈利上的暴涨，股价一路狂飙，突破160美元，公司市值水涨船高，一度突破百亿美元，成为中概股中的"大牛股"，创造了一个新的中国概念股公司市值上涨的传奇。

回顾沈亚的创业经历，不难看出，他身上最大的一个特质是"讷于言而敏于行"。其实，少说多做，不仅是一种良好的习惯和态度，也是很多成功者共有的特质。因为，做永远比说更重要。

纵使如烟花般短暂，也要灿烂绽放

2015年1月16日，青年歌手姚贝娜因病离世。消息传出，许多歌迷痛心不已，通过社交媒体，纷纷发帖留言悼念姚贝娜。一时间，朋友圈为此刷屏。

大多数人对姚贝娜的关注是从她登上《中国好声音》的舞台开始的，当然，质疑声也始于此。然而，随着这个美丽生命的逝去，对她的所有争议也戛然终止。此时，当人们再回过头去看时，忽然深深地理解了这个用歌声追逐梦想的姑娘，也才猛然惊觉：原来，所有的坦然只是因为有所经历。因为经历过生死，所以她才对梦想执着、较真、孤注一掷。

2013年夏天，身着红色T恤、牛仔裤，脚穿帆布鞋，不施粉黛的姚贝娜走上了《中国好声音》的舞台，一曲《也许明天》技惊四座。然而，当得知她原本就是一名专业的歌唱演员，并且因为一场病来到这个舞台的时候，很多人对她产生了质疑。一刹那间，在喧嚣的聚光灯下，她的声音尽管坚定，可众人还是以娱乐的定式思维嘲弄地看着这个满面真诚的姑娘。

也许，"乳腺癌""抗癌女战士"这样的字眼是最能抓人眼球的，但姚贝娜的世界里从来不缺少掌声和鲜花，她也不需要依靠这些来博取大众的同情。之所以选择勇敢而坚定地登上《中国好声音》的舞台，她只是想告诉这个世界，那一场人生的转折让她明白，可以没有明天，但不能不活得精彩。就像她在歌中所唱的，"别问这是为何，因为我曾和恶魔斗过几回合，就算它极端恐吓，不握手言和，因为曾去日无多，才懂我想成为的我"。

9岁那年第一次登台演唱，姚贝娜就充分展现了自己在音乐方面的天赋，之后，她多次参加歌曲录制及演唱，并在各种歌唱比赛中获奖，成为武汉当地有名的小"歌星"。大学期间，她在中国音乐学院系统学习声乐艺术，从此演唱水平逐步提高，多次在全国、省、市级的比赛中获奖。2005年，因为声音独特，姚贝娜被选中为大型音乐剧《金沙》的女主角；同年，她又以优异的成绩考入海政歌舞团。2008年，姚贝娜一举夺得全国青歌赛流行组冠军。这次夺冠，为她赢得了二等功的军功章，所有的亲朋都为她感到高兴，特别是她的父亲姚峰，由衷地为女儿感到骄傲。

然而，做一名循规蹈矩的女兵，顶着青歌赛冠军的头衔日复一日地在大型晚会上对口型、走过场，只为博得父母的笑容和观众的赞赏，这样的生活不是她想要的。她喜欢站在舞台上的感觉，可是，她只想唱那些自己喜欢的歌。她反问自己：为什么不趁着年轻，去做自己想要做的事呢？

2009年，姚贝娜告诉父母，她想辞职，离开海政歌舞团。得知她的想法，父亲坚决反对。作为一名音乐人，姚峰深知脱离体制，在一个未知的流行音乐市场打拼是多么地艰难，他不愿意女儿走上这条前途未卜的路。但一直是乖乖女形象的姚贝娜这次铁了心，最终她说服父母，签约了"乐巢音尚"公司。

正当姚贝娜为自己的梦想孜孜努力的时候，不幸悄然降临。2011年4月，她感觉身体不适，经检查，被确诊为乳腺癌，医生建议手术切除乳房。对于一个爱美的女孩子来说，这不亚于一场灾难。经过深思熟虑，姚贝娜决定接受医生的建议，在她看来，与其担心癌细胞扩散，不如彻底把病灶拿掉，因为她的梦想还没有实现，她不能让病魔把自己打垮。治疗的过程漫长而又痛苦，躺在病床上的那段日子让姚贝娜有了更多的时间去思考，这个乐观、坚强的姑娘再一次坚定了自己的选择——尝试新的曲风，挑战更大的舞台，努力让世界听到全新的自己。

"所有置我于死地的都能激发我胆魄，狠下心蹚过火，重生在缝补过的躯壳……"一场疾病不仅没能阻挡她逐梦的脚步，反而激发了她的斗志。病愈后，姚贝娜先是因演唱《甄嬛传》主题曲名声大噪，后来又为《画皮2》演唱宣传曲《画情》，为电影《一九四二》演唱主题曲《生命的河》。2013年，在《中国好声音》的舞台上，姚贝娜用自己独特的嗓音，把一首《也许明天》唱得荡气回肠，那时候的她不只是在用生命歌唱，更是在歌唱生命。

尽管在《中国好声音》的舞台上，姚贝娜最终被另一位歌手萱萱PK出局，但姚贝娜给所有的人留下了深刻的印象，她瘦弱的身躯所迸发出的那种能量深深打动着每一位观众。她在歌中唱道："我要的其实很简单，就想弹着吉他唱着歌。"对于她来说，用自己喜欢的方式，唱自己喜欢唱的，尽情释放真我，便是她最想要的人生。

2014年年底，姚贝娜癌症复发再次住进医院，病情不断恶化。垂危之时，她恳求医生帮助自己完成生前的最后一个愿望——捐献眼角膜。这就是姚贝娜，宁愿做一个未必成功的追求者，也不愿意是一个不再追求的成功者。也许，早逝的姚贝娜并不能在偌大的流行乐坛占得一席之位，甚至不能超越她曾经获得过的荣誉和赞赏，但她起码为自己、为所爱的音乐，好好地活了一把。

　　"你注定属于舞台，当你孤注一掷决定用已经被病魔侵蚀过一次的瘦弱身躯勾勒出你的'也许明天'时，纵使如烟花般短暂，你也要灿烂绽放。"这是网友悼念姚贝娜的一段话。对于所有喜欢姚贝娜的歌迷来说，她来过，爱过，幸福过，像鲜花一样绽放过，足矣。

记住生命中那段转瞬即逝的璀璨

当北京外国语大学的郑若曦把前来参加APEC领导人会议的法国贵宾安全送达酒店时，已是11月9日凌晨1点了。走出酒店，一阵寒气袭来，郑若曦不由得裹紧了身上的防寒衣。低头看到衣袖上的APEC字样，再想到刚才法国宾客伸出大拇指夸奖自己时那滑稽可爱的神态，她不由得笑出了声，一种自豪感油然而生。

能够成为2280名志愿者中的一员，与大家共同助力APEC会议的成功举办，确实是一件令人值得自豪的事。

对此，21岁的欧嘉婷体会颇深。这个大三的女孩是北大129名志愿者的领队，她亲自参与组织了北大志愿者的招募工作。从发布招募贴到对报名者进行筛选、信息核实，再到之后的初试、复试、进行培训，欧嘉婷深深感受到了大学生们参与志愿服务的热情。鉴于此次APEC会议的重要性，志愿者的招募条件变得相当严格，北大报名的400多人中，最后只有129人入选。同样，其他几所大学的志愿者招募也都是经过了层层选拔，几乎是4个人当中才有1个人入选。

每一个有幸参与APEC志愿服务的大学生都深深懂得，能够成为一名APEC志愿者，既是一种荣誉，更是一种责任。正是肩负着这份荣誉和责任，2280名APEC志愿者以自己的实际行动交上了一份完美的答卷，他们的出色表现得到中外与会代表的一致好评，成为北京服务的一张名片，蓝天下一道亮丽的风景线。APEC志愿服务的这段经历，也让这些大学生们拥有了一段与众不同的APEC记忆。

首都经贸大学的赵佳慧永远不会忘记自己第一天上岗的情景。11月9日，工商领导人峰会在北京国家会议中心开幕，赵佳慧的职责是负责将演讲嘉宾、加拿大商会会长兼首席执行官佩兰·比提从酒店接到国家会议中心。尽管见面的时间、地点之前已经通过电子邮件确认过，但细心的赵佳慧还是不放心，想再次电话确认一下，结果，正是这个看似多余的电话让她发现了之前安排的疏漏。经过一番协调，赵佳慧及时进行了补救。她的执着和细心也因此赢得了佩兰·比提先生的高度评价。

北航的李飞被安排在交通摆渡组的志愿者岗位，代表们报到的那几天，他每天要在23点至次日早上8点往返于机场和酒店之间。有一次，李飞接待的一位外宾之前来过北京三次，这次来，面对北京发生的巨大变化，他一路上不停地发出赞叹声。李飞说："那一刻，我在心底为祖国感到自豪，也为自己能够用热情周到的服务来展现中国礼仪之邦的关怀感到深深的荣幸，所有的辛苦和劳累都不算什么了。"

余斐羽是首都师范大学外国语学院大四的学生，因为擅长英语表达和电脑操作，她被安排在注册中心前台服务。11月3日，某经济体代表团负责人为团里的68人注册，因为一些照片的格式或者尺寸不符合要求，无法顺利注册。余斐羽不急不躁，始终面带微笑，耐心地帮助外宾进行修改，被外宾亲切地称为"可爱的蓝精灵"。

来自清华大学的新疆姑娘阿古丽是一名"救火"队员，随时应对各种突发状况。11月9日，她先是被临时调入会场支援引导服务，后来又被"机动"调到会场，为提问者传递话筒、收集反馈信息。很多人都记住了这个有着一双美丽的大眼睛的新疆姑娘，可是没有人知道，由于长时间穿着高跟鞋站立，阿古丽的脚又红又肿，她每天回到宿舍的第一件事就是倒上一盆热水泡脚。

……

据有关部门统计：APEC领导人会议周期间，2280名志愿者共上岗服务11219人次，累计服务132022小时……年轻的90后真诚参与、无私付出，为这个举世瞩目的盛会贡献自己的一份力量，展示了当代中国青年的良好形象。

俄罗斯驻华大使杰尼索夫这样评价志愿者："感谢各位志愿者对我们的关怀和无价的帮助。APEC会议给我们留下了最美好的印象。"

在雁栖湖新闻中心的留言簿上，来自各国的记者纷纷留言："感谢志愿者热情的服务、真诚的笑脸！""APEC因你们更美丽！"

虽然APEC璀璨的烟火转瞬即逝，但有关APEC的记忆却被每一个志愿者深深地铭记在心中。

因为专注，所以出众

云客服作为淘宝网的一种在线客服，因为工作时间和地点的灵活度很高，吸引了很多大学生加入。

2011年11月，中山大学一年级的学生黄碧姬克服困难，顺利加入了云客服，成为其中的一员，而且她从来没有因为这是一份兼职工作而松懈。身边的伙伴们你来我去，不断更换，黄碧姬却始终专注于这份兼职，并以出色的表现在众多的云客服中脱颖而出。2014年9月19日，作为最年轻的一位，黄碧姬同其他7位嘉宾一起，共同为阿里巴巴的上市敲响了神圣的钟声。

在成为一名云客服之前，这个90后的小姑娘曾经做过许多兼职：做家教，送外卖，在餐厅端盘子……一次偶然的机会，黄碧姬听说淘宝网正在面向在校大学生招募一批云客服。尽管对云客服比较陌生，但当听说这份兼职不限时间和地点，只需要一台能上网的电脑就行时，黄碧姬动了心，心想："之前的那些兼职不是时间上不合适，就是工作地点和学校距离太远不方便。能有这样一份在时间和地点上都可以自由支配的兼职，对自己来说真的不错。只是自己没有电脑，难道还要为了应聘这份兼职工作专门去买台电脑吗？"黄碧姬犯了难，毕竟花钱买一台电脑是一笔不小的开支。

经过再三考虑，黄碧姬决定试一试。她从自己的生活费中省出一些钱，又向同学借了点，买回来一台二手电脑，然后报名参加了淘宝网的培训班。尽管黄碧姬很努力，但她还是被淘汰了——虽然很早之前她曾经有过一次淘宝购物的经历，但她的信用等级达不到人家规定的要求。

"就这样放弃了吗？如果放弃，那么自己这电脑不就白买了吗？可是不放弃又能怎么样呢？短时间内，自己怎么可能积累更多的信用等级呢？更何况自己也没有那么大的购买能力呀！"黄碧姬举棋不定，很长一段时间闷闷不乐。

一次，在食堂吃饭，大屏幕上正在播放一段纪录片：草原上，一只狮子闯进了羚羊群，羚羊四处逃散。狮子紧盯着其中的一只奋力追赶，眼看旁边还有比这只羚羊跑得更慢的，但狮子心无旁骛，仍然对着既定的目标穷追不舍，最终它追上了那只筋疲力尽的羚羊，并美美地饱餐了一顿。看着看着，黄碧姬陷入了沉思：狮子尚且知道紧盯一只羚羊，自己怎么能轻易放弃已经认准了的事呢？淘宝购物经验不够丰富，自己可以学呀！信用等级不够，从现在起开始积累呀！

细心的黄碧姬发现周围的很多同学都愿意网上购物，觉得网上的价格便宜，但是有些人苦于没有时间，也有些人嫌麻烦，于是，她自告奋勇帮同学们代购，无论是谁，只要想买什么东西，她就尽心尽力帮同学们在淘宝上搜寻、比较，直至买到物美价廉且最合适的。一段时间下来，她的信用等级很快就达到了三级，并如愿以偿，成为了一名云客服。

刚开始上班的时候，黄碧姬对业务比较生疏，很多问题她也不懂，所以经常边翻看课堂笔记边回答会员咨询，每次都弄得手忙脚乱的。第一个月下来，失误次数太多，原本400元的工资几乎被扣掉了一半。自己辛辛苦苦干了一个月，竟然是这样的结果，黄碧姬不免有些灰心。

她不知道，困难才只是刚开始。作为一名云客服，每天都会面对形形色色的淘宝会员，一些会员因为交易不顺或者心情不好，往往会把气撒在云客服的身上。黄碧姬的很多同学因为受不了这个气，没干多长时间就放弃了。起初，黄碧姬也感到很委屈，实在感到憋气时，她也想撂挑子不干了。可平静下来细细一琢磨，想到自己之前的那些努力，她又不甘心就这样轻易放弃。

其实，黄碧姬也明白，没有人会无缘无故冲人撒气、发火，那些会员之所以这样，大多是因为他们遇到的问题得不到解决，如果自己能够想办法帮他们把问题解决了，他们的态度也不至于这样恶劣。想通了这一点，后来每次上线为淘宝会员服务时，无论遇到多么难缠的客户，受多大的委屈，她都努力做到不急不躁、耐心细致。时间久了，黄碧姬做业务越来越熟练，淘宝会员对她的满意率也越来越高。随着服务能力的提高和经验的积累，她的级别也不断得到晋升。

2014年8月25日，黄碧姬意外收到一封信，原来因为业绩突出，她被推荐参加阿里巴巴的上市仪式。黄碧姬这才知道，自己在三年里竟然累计服务了16000多名淘宝会员。9月，她收到阿里巴巴正式发出的赴美邀请函，并被确定为敲钟嘉宾。

得知自己将要同其他7位特邀嘉宾一起为阿里巴巴敲响上市的钟声，黄碧姬感慨万分，她没想到一份兼职竟让自己获得如此殊荣。看来任何一份工作，只要用心、专注、付出百分之百的努力，就可能会收获成功，让自己的人生出彩。

因为专注，所以出众。就像非洲草原上的那只狮子，只要盯紧目标，锲而不舍，就不怕达不到目的。

上帝的另一种馈赠

如果不是那一圈环绕在鼻翼、嘴角的白色斑痕，这个有着一头长长的金黄色秀发和大大的蓝眼睛，名叫尚特尔·布朗·扬的姑娘真的很漂亮，更何况她个子高挑，有着魔鬼般的身材。可是，人生没有如果，它就是这样残酷。因为从小患白癜风，布朗的脸上，还有整个身体，都布满了白斑，皮肤呈现出两种不同的颜色。

小时候，因为脸上的那一圈白斑，布朗经常被小伙伴嘲笑。每当她哭着跑回家的时候，妈妈总是安慰她："别着急，等你长大了它们就没有了。"然而，随着年龄的增长，布朗发现那些白斑非但没有减少，反而愈来愈明显。她也慢慢明白，这个病是无法根治的。对于一个爱美的女孩来说，这个现实无疑是残酷的。虽然痛苦不已，但又能怎么样呢？

布朗害怕别人发现自己的身上也布满白斑，于是总穿着长衣长裤，即使是夏天，她也从来不穿裙子。她天真地认为，这样一来就不会有人知道她的秘密，可意外还是发生了。一次上体育课，布朗不小心摔倒在地，膝盖受伤，有同学去扶她并察看她的伤势，裤子撩起的那一瞬间，她腿上的那一块块白斑一览无遗……很快，布朗不仅脸上，身上也布满了白色斑痕的消息便传开了，有人恶作剧般给她起了个外号——"花花牛"。

从此，布朗变得更加自卑了。终于有一天，当再一次被人嘲笑后，她伤心地对妈妈说："我就像一个小丑，上帝为什么这样对我？"妈妈摇摇头，对她说："你不丑，你只是和别人不一样罢了。上帝这样安排总有他的道理。"说着，妈妈递给她一个苹果，"你尝尝，这是妈妈刚买的，特别好吃。"

她看着手中的苹果，"这苹果好难看啊！疤痕累累的，会好吃？"她将信将疑地咬了一口，没想到真的很甜。妈妈告诉她，这些苹果产自高原，上面的疤痕都是冰雹打的。

"由于气温骤降，被冰雹打过的苹果不仅肉质更加结实，而且还产生了一种独特的果糖，味道反而更甜了。所以说，有些时候，缺陷并不一定是坏事。"妈妈意味深长地说。

"缺陷并不一定是坏事？"她在心里念叨着这句话，一刹那间，她突然意识到：一味地悲哀不起任何作用，既然无法改变自己已有的缺陷，那何不换一种方式看待它呢？

说来也怪，当布朗改变了看待自己的方式后，她发现周围人看她的眼光也发生了变化，那些白斑似乎并不像之前那样可怕了。曾经，她根本无法接受别人在她面前提到"白癜风""白斑"等字眼，现在好像无所谓了。甚至当有人安慰她说倘若没有脸上的那些白斑，她其实长得还不错时，布朗竟然可以开玩笑说，其实是因为有了那些白斑，她才变得更有特点了。

布朗16岁那年，一次偶然的机会，有人无意中把拍有她的照片放到了网上。没想到这些照片一下子引起了网友的关注，许多人留言说：

"美从来都不只有一种标准，照片上的女孩看起来很漂亮，斑驳的皮肤自有一种卓尔不群的美。"

慢慢地，人们开始注意到布朗的独特之美，大量的机会也纷纷向她涌来，著名摄影师尼克·奈特邀请她做模特，一些时尚杂志也开始刊登她的照片，有一家模特网站甚至表示要推荐她参加美国超级模特的比赛。

在经过一段时间的专业训练后，布朗终于登上了2014年全美超模大赛的舞台。或许是报名参加比赛的美女太多，个个都千篇一律，人们反倒更欣赏布朗的与众不同，她那浑然天成的斑驳的皮肤成了她鲜明的印记，为她增分不少。最终，布朗打破选美传统，从几百名参赛选手中脱颖而出，成功晋级14强。

面对记者的采访，布朗深有体会地说："身为一个白癜风患者，我曾经为自己身体上的缺陷自卑，甚至绝望。是那只疤痕累累的高原苹果让我明白，缺陷并不一定总是坏事。因为上帝给予你的缺陷，其实是他的另一种馈赠。接受它，面对它，事情也许并不如你所想的那样糟糕。"

是的，缺陷并不一定总是坏事，有时候，表面上的缺憾反倒隐藏着你意想不到的美好，而这份美好，其实正是上帝的另一种馈赠啊！

弯路也是通往成功的路

创业路上，王兴走了许多的弯路。这个来自福建龙岩的大男孩、清华大学的高才生，对一切有趣的新科技着迷。2003年，他敏锐地察觉到了互联网领域里的商机，便毅然中断了美国的博士学业回国创业。彼时的他激情满怀，然而，一切并不像他想的那样顺利。

起初的两年时间，王兴先后做了几个项目都没有成功。2005年秋，他创办校内网，一举而红，可不到一年，因为融资失败，校内网被迫转卖给别人。之后，他又推出了中国大陆第一个微博网站——饭否，不料又遭意外关停。连二连三的失败犹如一盆盆冷水几乎浇灭他满腔的激情。

怎么办？还要继续创业吗？王兴陷入了深深的困惑之中。放弃，那便意味着之前自己所有的努力都白费了。可是继续走下去，万一还是失败呢？理想很丰满，现实却真的很残酷。那段时间，王兴一度有点消沉。

为了散心，王兴回到老家，没事的时候，他就陪年迈的父亲爬山，锻炼身体。有一次，他们去爬的那座山看起来并不高，可是非常陡峭，通往山顶的路有两条：盘山的大路蜿蜒曲折，也有直通山顶的小路——估计是一些想抄近路的人踩踏出来的，而且小路两旁枝蔓丛生，很不好走。父亲建议走大道，可王兴执意要走小路，说既然有捷径，干吗不走呢？于是，父子两人分头行动，并打赌看谁先到达山顶。结果等王兴气喘吁吁地从山的后面爬上来时，父亲早已在山顶等着他了。

原来，王兴顺着小路往前走，结果越来越难走，后来几乎是手脚并用，一点一点爬上来的，耗时又耗力。而父亲走大道虽然绕了点路，但是路况好，所以反倒先到达了。站在山顶上，父亲意味深长地对儿子说："人人都想走捷径，不愿多绕一点弯，可是谁也保证不了那直路前面不是陡峭的悬崖。倒是那通幽的曲径，说不定更容易通往成功的顶峰。"

一语惊醒梦中人，一刹那间，仿佛电光火石般，王兴有一种顿悟的感觉，所有的困惑一下子释然了。是呀，人生怎么可能总是一马平川，只走直路，不绕弯路呢？

冷静下来的王兴对自己的创业之路进行了深刻地反思，他发现自己曾经所走的那些弯路并不是没有任何价值，虽然之前做的几个项目因为各种原因都失败了，但方向都是对的：做"多多友"的时候，扎克伯格的脸书也不过初露端倪；做校内网和饭否的时候，新浪微博还没影……他的每一次创业都能引领中国互联网模仿风潮。看来自己的思维和理念是超前的，有着常人所不具备的领先、独到的眼光。认识到这一点，王兴忽然信心倍增。

经过周密的市场调研，王兴发现团购作为一种新兴的电子商务模式，将会引起消费者甚至是资本市场的高度关注，发展前景广阔。于是，2010年3月，王兴创办了一家团购网站——美团网。然而，在美团刚刚起步时，不擅长拉赞助的王兴依然落在了许多跟风而建的团购网站的后面。那是一段艰难的日子，美团面临了很多困难：团队成员被其他团购网站高薪挖走，推广费用被压低，同行恶性竞争……只是这一次，王兴没有让机会溜走，他四处奔走，终于在2010年9月获得超过千万美元级别的风险投资，这也是王兴创业近7年来首次融到这么多钱。

有了充足的资本，一切就好办了，接下来，王兴独辟蹊径，没有像篱笆网、51团购等中国早期团购网站那样专注产品，而是针对本地白领阶层的生活消费服务，选取了电影、外卖和酒店三大行业为发力点。于是短短几个月时间，美团网就成为中国团购行业第一名。2010年，美团网的交易额为1.4亿元，到了2011年，一下子冲到14.5亿元，以一年10倍的速度增长。2014年，王兴作为创始人兼最大个人股东，他的个人身价超过百亿美金。

当然，王兴并没有被暂时的胜利冲昏头脑，他清醒地知道，市场上的团购网站每天都在增加，从百团大战到千团大战，竞争还会越来越激烈，难免会遇到更多意想不到的困难。不过一路走来，王兴早已习惯了在弯路上摸爬滚打，他也明白，很多弯路是无法绕过的。况且这又有什么可怕的呢？继续往前走就是了。只要梦想在，多走一些弯路又算得了什么呢？自己不正是因为走了那些弯路，才在不知不觉间炼出了钢筋铁骨，从而越挫越勇，抵达成功的嘛！

不经历风雨，怎么能见彩虹？不经历磨难，又怎么能体会到胜利的喜悦呢？只有走过坎坷、弯曲的人生之路，才能谱写出世间最动人的乐章！弯路，又何尝不是通往成功的路？

成功只是比别人多想一步

　　仅仅三个月时间，山东汉子栗富军凭借自己一个人的力量，卖掉了总值近200万的10万斤各式大米，这个默默无闻的有机大米品牌，从此给他带来300个长期客户和2万名潜在的高端客户。

　　栗富军是怎么做到的呢?

　　很简单，用他的话说，就是"凡事都要多想一步，多想一步就可能多一份胜算"。

　　刚开始，栗富军采取的是最原始的办法——向亲戚、朋友以及原来打过交道的客户推介自己的大米，十斤二十斤地送。可毕竟这些关系有限，即使以后都发展成客户，也没有多少。栗富军有点着急了，接下来该把大米送给谁呢?他左思右想，也没想出好办法。

　　妻子心疼他，劝他出去玩玩，放松一下。于是，栗富军报名参加了一个徒步太行山的户外活动。栗富军的热情、爽朗、乐于助人给大家留下了很深的印象，在那为时一个星期的户外活动中，栗富军交了不少朋友，还相互加了微信。回来之后，富军把那次活动的图片配上文字发到朋友圈和大家共享，带给大家许多温暖的回忆和快乐，许多人给他点赞并转发到自己的朋友圈。

看到微信上不断增加的朋友，栗富军突然想到，自己正发愁没有客户源，微信上这么多朋友不都是潜在的客户吗？可以向他们推销自己的大米呀！可是，栗富军又一想，倘若自己在微信上像发广告似的吆喝卖大米，肯定容易引起大家的反感。如何才能让大家既关注了解自己的大米，又不排斥、反感自己在朋友圈宣传呢？栗富军拿着手机陷入了深深的思考中。

突然，微信提示有新消息，他点开一看，原来是一个微信好友给他发的那条微信点赞，并留言说他发出的一张图片拍得很好，问他是哪个地方的景色。看着这条评论，栗富军猛然有了灵感。他先尝试着陆续在朋友圈里发一些关于大米方面的小知识，比如怎样鉴别大米的好坏，怎样存放大米；米饭怎么吃最健康，怎样煮米饭既营养又美味；或者教大家一些选购大米的小窍门，如何从看硬度、看爆腰、看黄粒等方面买到质量高的大米等，而且每次都会配上相应的图片。渐渐地，他发现大家都能接受自己的这种宣传大米的方式，而且点赞的人也很多，甚至还有人转发。这下子，栗富军的心里就有底了。

富军充分发挥自己的摄影特长，给自己的有机大米拍了许多照片，同时配上文字说明，详细介绍每一种大米的特性、口感、营养价值，哪种米适合熬粥，哪种米适合蒸着吃，偶尔还会附上简单的食谱、做法和一些温馨的小提示。他试着把这些东西发到微信朋友圈，没想到效果特好，大家看到他发的精美照片和文字介绍，有种耳目一新的感觉，压根没觉得他这是在推销大米，一些关注饮食的朋友还在微信里和他交流一些关于有机大米的话题，还有的人问他在哪儿能买到这种米。渐渐地，栗富军的知名度越来越高，他的朋友圈也越来越大。栗富军不仅是个大米通，还卖米，于是大家不约而同地达成了共识——"买有机好米，找富军"。

栗富军并没有就此满足，他觉得目前的发展速度远不是他的目标。2013年年底，上海准备举办一场国际马拉松比赛。要是以前，栗富军至多参与一下，跑跑罢了，但这一次他不仅要参与，还要大张旗鼓，让更多的人知道他、知道大米。他明白，知名度越高就越有可能卖出更多的大米，而要想提高知名度，就要想办法吸引住大众的眼球。

栗富军想到了那只"愤怒的小鸟"。简单的线条，精致的加工，可爱的卡通形象，这只愤怒的小鸟自2009年从芬兰飞出后，风靡全球，家喻户晓，很多印有它图案的印花T恤、马克杯、情侣靠垫和手机链等衍生品都跟着沾了光，打开了市场。栗富军认为，这只小鸟的名气对他的营销或许有利，于是他请人专门为他量身定做了一套卡通版的愤怒的小鸟的服装。做好后，栗富军拿回家试穿，那夸张的造型、鲜艳的色彩，再配上他人高马大的个头，看起来又滑稽又可爱，家里人忍不住哈哈大笑，说到时候他穿着这身衣服参加比赛，肯定是比赛现场最拉风的。

可富军总感觉少了点什么。对了，他是卖大米的，怎么能少得了这个标志呢？就让这只愤怒的小鸟背上个米袋子吧。2013年12月1日，上海国际马拉松的赛场上出现了一只浑身贴满二维码、背着米袋子奔跑的愤怒的小鸟，吸引了众多媒体的关注。栗富军一下子成了焦点人物，围绕他的热词除了"愤怒的小鸟"就是大米，还有不少人扫二维码加他微信。这是栗富军想要的。

活动结束后，栗富军的微信好友一下子增多了不少，很多人在微信上跟他打招呼，最常说的一句话是：我认识你，你就是那只背着米袋子的愤怒的小鸟。也就是说，大部分人虽然没见过栗富军，但都知道他是卖米的，而且只要买米，首先也会想到他。栗富军几乎每天都能收到微信上买米的订单，仅仅三个月时间，他的营业额就达到了200万元。

　　回顾栗富军卖大米的经历，我们可以看到，在几个关键的时候，他总是有一些独到的眼光，而这些独到的眼光都源于他在常规思维中多想了一步。的确，很多时候，与众不同的眼光往往来自于比别人多想一步，多想一步，成功也许就在下一瞬间。

第三篇
你的人生，比你想象的更美

有些东西，不是努力就能获得的。与其怨天尤人，不如放下那颗嫉妒的心，面带微笑去欣赏别人的拥有。因为真正懂得欣赏的人，本身就拥有了一份淡定和从容，一份快乐和幸福。这是我们需要用一生努力去做的功课。

找到拨动心底的那根弦

2013年11月11日，对方建华来说是个特别的日子。因为这一天，他所创办的女装品牌茵曼的销售额达到了1.2亿，荣登"双十一"当天女装类排行榜的榜首。"双十一"购物狂欢节，方建华赚了个盆满钵满。当天晚上，方建华与他的团队举杯庆祝，激动、兴奋之余，他甚至带头玩起了cosplay，办公室成了一片欢乐的海洋。

然而庆祝过后，平静下来的方建华深深懂得，电商发展日益迅猛，竞争也越来越激烈，稍有懈怠，就有可能被别的品牌超越。不过，依靠天猫这个电商平台，茵曼连续三年进入女装销售榜前三，"双十一"的销售额也从2010年的680万元涨到2011年的1787万元、2012年的7000万元，2013年又奇迹般地突破1.2亿，茵曼的一路凯歌更加坚定了方建华的一个信念，那就是：坚持"棉麻艺术家"的品牌定位，用心、用情拨动文艺女青年心底的那根弦，把茵曼打造成她们的网上衣橱。

创办茵曼之前方建华做外贸服装的设计和加工，和几家海外客户有着良好的合作关系，那个时候，他的工厂每天都有源源不断的订单。特别是韩国一家网店，网上销售做得相当好，几乎每天都要从方建华这儿订购大约1500件外贸服装，而且对方拿到货之后很快就在网上卖光了。渐渐地，方建华不满足只为他人代工，2008年创办了茵曼品牌，当淘宝在广州招商时，他又加入淘宝商城。谁知开局不利，2008年茵曼网上的销售额只有几百万，之后的两年也一直处于亏损状态。

痛定思痛，方建华开始反思。他四处走访、学习，吸取那些成功品牌的经验。一次看书，方建华突然看到了关于万宝路香烟的一段往事，说它早期一直将产品定位于女士香烟，并在很长一段时间内都没能打开销路，后来公司调整了方向，把产品定位于男士香烟，同时抓住消费者迫切表现男子汉气概的内心诉求，利用硬汉牛仔拍宣传片，从而使产品获得新的增长和活力，一跃成为全球卷烟第一品牌。

万宝路的成功转型让方建华深受启发，他想："是不是茵曼的定位也存在问题，陷入了误区？"当初创办茵曼，方建华曾深入研究了国内女装的发展趋势和消费需求，他把茵曼女装的面料定位为棉麻制品，因为他觉得棉麻倡导天然、有机、绿色、环保，是服装领域发展的趋势和方向，应该没有问题；至于消费群，主要针对的是30岁左右的女性，而且这一年龄段的女性经济基础相对稳定，购买力大。但现在看来，喜欢网购的还是年轻人居多，茵曼定位的消费人群年龄有点偏大。

认识到了茵曼存在的问题后，方建华迅速调整服装风格，使其趋向年轻化，同时加快新款的上市速度，茵曼的销量慢慢开始有所增加。整个2010年，茵曼的全部交易额超过7000万，实现了收支平衡。

方建华并没有因此而止步。当时淘宝网上做原创女装的商家非常多，以棉麻制品为面料的也不少。方建华认为若不能有效地挖掘出消费者感兴趣的某一点对品牌进行定位，树立独特的消费者可认同的品牌个性与形象，必然会使产品淹没在众多质量、性能及服务雷同的商品中。那么，如何才能让茵曼从棉麻制品中脱颖而出，在消费者的心中占据一席之地，让人一提到棉麻衣服立刻就会想到茵曼，就像男款领带只认"金利来"一样？

有一次，方建华和太太林栖一起坐火车去外地，坐在他们对面的一个女孩大约20多岁的年纪，穿一件蓝色的棉麻连衣裙，一直低着头在看书。起初方建华和林栖都没在意，后来林栖悄悄示意方建华，女孩穿的那件裙子正是茵曼刚刚上市的一款。也许是感觉到了有人在看自己，女孩蓦然抬起头来，秀气的面庞，全身还散发出一种浓浓的书卷味。林栖和女孩聊起来。女孩说，她一直都喜欢棉麻质地的衣服，柔软透气，穿着舒服，她周围的好多朋友也很中意返璞归真、带着自然粗糙质感的棉麻衣服。提起茵曼，女孩说自己经常去逛茵曼在淘宝的店铺，说茵曼的衣服素雅、简洁，是她喜欢的风格，而且朋友们也都表示她穿茵曼的衣服更能突显出她的气质。

听了女孩的话，一直默不作声的方建华一下子来了灵感，他猛然间找到了与茵曼精确定位的一个契合点——文艺女青年。他觉得，每一件衣服都有自己独特的韵味和内涵，需要懂得它、适合它的女子去演绎。面对眼前这个女孩，方建华发现茵曼的衣服应该属于那些很安静、很文艺的女孩，也只有她们才能够展现出茵曼的特色。

为了验证自己的判断，方建华回去后做了一个调研，把在当当网上买茵曼衣服的用户及其买的书列了个清单，他发现这些用户买文学、文艺类的书比较多。这个调研给了方建华极大的鼓舞，他决定将茵曼的目标群体定为爱读书的文艺女青年，从此"打造文艺女青年的网上衣橱"便成为茵曼最响亮的口号。

当然，文艺女青年的需求并不是那么容易满足的。方建华认为"需求是要不断创新和超越的"，对此他非常有信心，茵曼不仅有自己的原创设计和产品研发团队，还有近30个设计师，并由总监——太太林栖把控整个设计的主题、调性和开发。

实际上，太太林栖原本就是一名文艺女，她深谙文艺女的特质，知晓什么样的服装最能拨动文艺女心底的那根弦。比如，一条结合了都市感的棉麻裙装，利落的线条，优雅的褶皱，简约而随性，不经意间弥漫出来一种知性美；一件简单的麻料衬衫，在领口加一点精致的刺绣花纹，返璞归真的气质增添了复古感觉，正好符合文艺女对手工制品的喜爱；衣服的吊牌设计选用手感文艺、色彩淡雅别致的轻型纸，顾客下单购物，可以得到茵曼自己设计出版的一份精美的杂志《石茵》……如此用心用情，哪个文艺女能经得住这样的诱惑？

除了在设计上紧盯目标群体的需求，茵曼还特别注重品质的提升。公司投入500万自建了面料检测实验室，配有耐洗色牢度试验机、汗渍色牢度烘箱、织物强力机等设备，在设计开发的前端检测面料，从而保证优质产品的输出。同时，严格做到提前一年做设计方案，每周上两次新款，每次上新二三十种。为了让茵曼具有更强烈的品牌识别度，茵曼淘宝店上所有的模特都扎两条麻花辫子，化暖妆，而扎着麻花辫的棉麻姑娘布偶也成为茵曼独有的品牌标志。

通过几年的努力，茵曼成功将自己的品牌和"棉麻艺术家"这个标签画上了等号，成为文艺女青年最喜爱的第一棉麻品牌，每天的销售额超过150万。

全球最顶尖的营销战略家特劳特有一句名言，"谁占领了广大消费者的心智资源，谁将获得市场"。的确，任何一个品牌都不可能为全体顾客服务，细分市场并正确定位是品牌赢得竞争的必然选择。一个品牌要让消费者接受，完全不必把它塑造成全能形象，只要有一方面胜出就已具有优势。茵曼的成功，也许就在于它找准了坐标，拨动了文艺女心底的那根弦。

微笑着去欣赏别人的拥有

　　课堂上，老师让孩子们看一张画，画面很简洁，一个小女孩带着一只小鸭子在走，画的下面是几行稚拙的文字："露露不会游泳、不会飞，她的小鸭子也是。露露带着小鸭子，天天到池塘边看别人怎么游泳、怎么飞。"还有一行字被一张纸条给盖住了。

　　老师问孩子们："同学们猜猜，下面盖住的那句话应该是什么呢？"

　　一个女孩举手回答："后来，露露学会了游泳，小鸭子学会了飞，她和它开心极了。"老师点点头："很好！"示意女孩坐下。

　　一个男孩不甘落后，不等老师点他的名就着急地站起来："不对，应该是露露和鸭子决定学习游泳、学习飞，可是，她们怎么也学不会。"

　　又有人站起来补充："虽然她们没学会，可她们坚持不懈地学着。"

　　老师笑了："嗯，也不错。还有吗？"

　　墙角的一个男孩小声嘀咕："她们再怎么坚持学也学不会。"

　　老师听到了小男孩的嘀咕声，对大家说："好像陈家豪同学有不同的意见，我们请他来回答，好不好？"

"好！"孩子们鼓起掌来。

那个叫陈家豪的男孩不好意思地站起来，红着脸说："我说得不对。"

老师笑眯眯地鼓励他说："没关系，把你的想法说出来。"

男孩这才大着胆子说："露露和小鸭子是想要学习游泳、学习飞来着，可她们就是坚持不懈地学也有可能学不会呀，所以，我觉得应该这样补充，'露露和鸭子决定学习游泳、学习飞，可是她们怎么也学不会。不过，他们依然很高兴。'"说完他就坐下了。

老师点点头。"大家补充得都很好，接下来，让我们把纸条去掉，看看哪一个最接近作者的原文。"

纸条揭开，同学们齐声朗读起来："日子一样很快乐。"

老师告诉大家，这是几米的一幅漫画，名字为《露露的功课》……

那堂课其他的内容我已经记不清了，但我一直记得老师对同学们说的那段话："其实，同学们的答案都没有错，只是有些时候，成功并不像我们想的那样容易，所以我们要学会高兴地、积极地面对我们的现在，然后快乐地做我们能做的事情。也许有一天你会发现，你永远也不是第一，你永远做不到最好，怎么办呢？"

孩子们齐声回答："日子一样很快乐！"

看着孩子们欢快的笑脸，我不知道他们幼小的心灵是否懂得老师那段话的深层含义，但至少老师已经把一颗如何在人生中寻找快乐的种子播种在了他们的心里。

有些东西，不是努力就能获得的。与其怨天尤人，不如放下那颗嫉妒的心，面带微笑去欣赏别人的拥有。因为真正懂得欣赏的人，本身就拥有了一份淡定和从容，一份快乐和幸福。这是我们需要用一生努力去做的功课。

活出个样来给自己看

平时我很少看娱乐类的节目，但那天晚上浙江卫视《中国梦想秀》的节目深深吸引了我。那是一位叫陈凡的选手，打动我的不是她的才艺，而是她的勇气。我相信，在她讲出自己的故事后，被打动的不止我一人，评委、现场的观众以及坐在电视机前正在观看这期节目的人也一定对她产生了敬佩和赞叹之情。陈凡，这个经历了三段婚姻、有着三个孩子的单身母亲用自己的勇敢、乐观、自信、坚强鼓舞并感动了现场的每一位观众，以至于她获得了300位梦想观察员的全部投票，据说这在《中国梦想秀》的舞台上还是第一次。

"我就想通过这个舞台来证明自己，给自己信心，给我的孩子们信心，让我的孩子看到妈妈的坚强，给她们做一个好榜样，告诉她们在以后成长的过程中，不管遇到什么样的艰辛、挫折，都要勇敢面对，不要选择后退。"谈起自己参加梦想秀的初衷，陈凡这样说。

历经三段婚姻、带着三个孩子的单身女人在现实生活中很容易引起人们的关注，抛开物质、经济方面的因素不说，她的生存与常人比起来就要艰难许多，而这些也注定了她要面对更多异样的目光。不知道现实中的她是怎样的一个人，又是什么原因导致了她婚姻的不幸，对此我并不想做任何的评判，我只是佩服她的勇气和她的坚强。为了给自己和孩子继续生活下去的信心，她登上《中国梦想秀》的舞台，勇敢地袒露自己的伤疤，她所期盼的不是大家对她进行物质上的帮助，而是能够得到大家的理解和对她人生态度的认可。舞台上，一曲《活出个样来给自己看》让我们看到了陈凡的坚强。"活出个样来给自己看，千难万险脚下踩，啥也难不倒咱，只要你的心中有情有爱，风里走，雨里钻，刀山雪岭也敢攀，也敢攀。"

是啊，人活一世，难免会有不如意的时候，事业的反复、感情的挫折……往往让我们感到疲惫、痛苦，甚至无助、绝望，可这样又能解决什么问题呢？主持人白岩松有一段话说得非常好，他说："有时候，我们活得很累，并非生活过于刻薄，而是我们太容易被外界的氛围所感染，被他人的情绪所左右。行走在人群中，我们总是感觉有无数穿心掠肺的目光，有很多飞短流长的冷言，最终乱了心神，渐渐被缚于自己编织的一团乱麻中。其实你是活给自己看的，没有多少人能够把你留在心上。"我想，白岩松的这段话其实是想告诉我们，很多时候，打败自己的不是外界，而是自己。只要自己不言放弃，像歌中所唱的，"活出个样来给自己看，千难万险脚下踩"，希望总还是会有的。

想起很早以前凭借一则丑闻而走红的台湾政坛美女璩美凤。当丑闻闹出，从最初的不敢面对、逃避否认，到后来的接受采访，向公众道歉，继而召开演唱会，写《璩美凤忏情录》，一个在世俗眼中该死的女子坚强地活了下来，而且活得非常好，据说后来璩美凤出国留学，结婚生子，事业做得也有声有色。唾弃也好，鄙夷也罢，我们无法否认这个女子的坚强。迎着阳光勇敢地活着，这需要多么大的勇气啊！一直记得她在《璩美凤忏情录》中的那段自白，"有谁知道感伤、痛苦、再痛苦、痛不欲生……再来的下一阶段是什么？""谁欢？谁喜？谁怜？谁活、谁死、谁在意呢？""没有人能够再反击我爬起来，没有人能再遮盖我迎接阳光，没有人能封杀我的选择。谁能代替我来过自己的日子，唾弃我又如何？笑骂由他！做我自己！"是的，有什么比生命更重要？比在阳光下抬起头活着更重要？死，相比屈辱的活更容易。而她若真的死了，带给家人的则是永久的痛。

再看舞台上的陈凡，此时的她已泪流满面，"感谢波波老师和所有梦想观察员，大家对我的鼓励和肯定，让我重获希望，对生活充满了信心！"而在后台，陪同女儿一起来的陈凡的父母和她的哥哥此时此刻也都禁不住泪流满面。他们的泪水里有多少酸楚和不易，也许只有他们自己知道。

无论面对什么样的生活，都一定要勇敢地活着，活出个样来给自己看，这才是最重要的。无论过山还是过水，你尽管走就是了。

寒冷时，用你的左手温暖右手

2013年6月，一则"洛阳大叔在美国名校前卖肉夹馍日赚800美元"的新闻让来自河南洛阳的"草根一族"谢云峰在网上火了一把，不懂英文的他赴美淘金，在纽约哥伦比亚大学门口摆摊卖肉夹馍、炸串……将这种国内大街小巷随处可见的平常小吃做得风生水起，令很多人羡慕不已。时隔半年，谢云峰又一次引起网络、媒体的关注，这个在国际大都市苦苦打拼的"草根"又迎来了他事业上的又一次转折——他与人合伙开办的近1000平方米的火锅店在纽约106街开张了。

一个只有高中文凭、只会说最基本的"one、two、three"的农民，凭借什么仅用短短两三年的时间便在纽约站住脚跟，还开创出属于自己的舞台？或许很多人希望自己心中这个的疑问能够得到解答。其实，很简单，谢云峰的成功在于他的坚持、执着。

2011年，怀揣着去美国淘金的梦想，谢云峰告别了妻子和一双儿女，踏上了他的寻梦之旅。那年，他已经40多岁了。

去美国之前，谢云峰在老家孟津县城开着一家店，修摩托车兼卖摩托车，生意还算可以，基本上能维持一家人的生活。一次，一个朋友来看他，闲聊中说起××去哪个城市打工，挣了多少钱；××更厉害，跑得更远，出国打工了，刚给家里寄回来一大笔钱。说者无心，听者有意，谢云峰也动起了出国挣钱的心思。他想，自己已经40多岁了，再不出去闯闯，以后就更没有机会了。趁着现在身体还不错，出去闯荡一番，说不定还能干成点事呢！当他把自己的想法和妻子一说，没想到立刻遭到了妻子的反对，"你以为外国的钱好挣啊？你连一句外国话也不会说，就是个睁眼瞎，凭什么挣钱？"谢云峰两手一摊，"凭我的一双手啊，我就不信，出了国我会饿死。"家里人拗不过，只好随他。很快，2011年春节刚过，谢云峰在朋友的帮助下去了美国纽约。

刚到美国，谢云峰的第一份工作是在一家中餐馆打工。人家会点英语的，可以当服务员，而他一句英语也不会说，只能在后厨洗盘子。洗盘子没有小费，挣钱最少又最辛苦，一天要工作10个小时以上，一个月下来才有可能赚到2000多美元。况且这个工作也不稳定，餐馆的生意好，他可以多干一段时间；生意不好的话，用不了那么多人，他就得重新找活干。起初的1年多时间，谢云峰干过搬运工，给装修公司做过小工，给杂货店送过货……有时候他一天会兼职好几份工作，从早上睁开眼睛就马不停蹄地干，直到很晚才上床睡觉，一天下来他腿肿脚胀，浑身僵硬。可是即使如此，这些工作也都干不长，挣钱也不多。那段时间是谢云峰一生中过得最黯淡、最无助的日子，身体上的劳累、生活上的困窘暂且不说，精神上的孤独和无助才是对他最大的打击。周围的人说话他听不懂，身处异国他乡也没有朋友，谢云峰觉得自己每天说的话都是有数的，有时候他甚至怀疑自己都不会说话了。此时，唯一让他感到快乐和幸福的事就是给家里打电话，可无论多苦多难，每次打电话，他都要装出一副兴高采烈的样子，生怕家里人为他担心。

2013年新年没过几天，由于长时间的超负荷工作，再加上冬天纽约出奇的冷，谢云峰的身体终于承受不住，他病倒了，咳嗽不止。起初他以为只是普通感冒，没有太过在意，从唐人街买了些银翘解毒片和枇杷止咳糖浆，想着吃点药就好了，谁知到了半夜，他浑身滚烫，发起了高烧，于是他大口大口地喝水，还把所有的棉被、衣物都紧紧地裹住身体发汗，硬是挺了过去。没有医疗保险，去医院看病太贵了，谢云峰本来挣钱就不多，思量之后，他宁可硬扛着受罪也不去医院。人在生病的时候是最脆弱的。那天他实在忍不住，就往家里打了个电话，妻子谢会娟听他说话的声音和平时不一样，问他是不是病了。怕妻子担心，他只说纽约的天气太冷了，自己有点着凉。妻子劝他穿厚点，别老那么节省，身体要紧。他强忍着难受，开玩笑地说："没事，你老公身体结实着呢！冷的时候，我就用左手温暖右手。"

谢云峰一边打工一边四处寻找发展的机会。有一天，他发现纽约和国内有一点相同之处，那就是街头也有许多小摊小贩，而且兜售各种吃食、水果的街头餐车很受纽约居民和游客的欢迎。他观察了一段时间，萌生了也弄个这样的小摊干干的想法。一来，他觉得街头餐车成本小，自己负担得起；二来，他非常喜欢做饭，厨艺也不错，做一些简单的小吃不成问题。不过想归想，能不能做成就得另说了。

纽约对街头摊贩的执照数量控制得非常严格，流动食品摊贩的执照只有3100个，如果想干，只能从别的摊贩手里去租，而且不是想租就能立刻租到，别人干得好好的，肯定也不会租给他。谢云峰认准了这个事，一有时间就去那些小摊贩附近转悠，和一些华人摊主交流，观察哪些小吃生意好。功夫不负有心人，机会终于来了，一个摊主因为有了别的发展门路，想把自己的餐车租出去，租金一周一交，一次五六百美元。谢云峰得知这个消息后，当机立断租了下来。

谢云峰租下餐车后，决定经营肉夹馍、炸串、凉皮等小吃。其实他很早就留意到，这些国内司空见惯的小吃在纽约也很有市场，不仅华人喜欢吃，一些外国朋友也喜欢，而且这些小吃投资小，做法也简单，非常适合自己。试营业的时候，谢云峰总是掌握不好，有时候料备多了，结果生意不好，就剩下了；有时候备得少了，又不够卖。但是不管怎么样，他都保证自己食品的质量，过期变质的东西绝不上架卖。由于他的摊位在哥伦比亚大学附近，因此客户以学生居多，有心的他慢慢总结，看学生们都喜欢吃什么口味的，哪种小吃最受他们欢迎，结果他还真发现了一些规律，比如他做的肉夹馍，焦香酥脆，个儿大，一个约半斤重。他解释说，如果做小了，一个不够吃，两个又有点多，现在这样多么实惠、方便啊，也很受学生喜欢；他还发现一些外国人吃不惯辣椒、大蒜，于是如果碰上外国学生来买，他就不放这些东西。

起初，他只经营肉夹馍、炸串，后来生意一天比一天好起来，他又增加了盖饭、卤面和水饺，这些又为他吸引来了更多的客户。刚开始的时候他租的餐车比较小，当手头有了点积蓄后，他就重新租了一个大的，外观也比之前更好看了。别看谢云峰长得人高马大的，却是个细心人。为了让自己的餐车更有特色，他在餐车的正前方悬挂了一个"中国西北名吃"的牌子，还专门找人帮他制作了一个"洛阳大叔"的标志——他的卡通画像头戴一顶军绿色的帽子，看起来萌态十足。

2013年6月，经媒体报道后，许多人知道了谢云峰的小吃摊，越来越多的留学生慕名去吃。谢云峰的生意越来越红火，收入骤增，他的日子也一天比一天好，他还买了一辆现代车。这个时候的他相对轻松一些，不像之前那么辛苦。原来整个餐车都是他一个人料理，既是厨师又是售货员，现在他雇了两个工人，他们提前把各种配料、面等备好运过来，谢云峰只负责在餐车上炸一下，就能快速出售。渐渐地，眼前的这台餐车根本无法承受大量的客户需求，于是他又租了一台。到了2013年年底，他和一个朋友在纽约106街租下了近1000平方米的门面房，准备开一家麻辣火锅店。可以说，此刻的谢云峰终于算是在美国站稳了脚跟。

回想自己在美国的一千多个日日夜夜，谢云峰最大的感受是，无论面对任何的困难和艰辛，都要咬着牙坚持下来。他说："很多个无助的夜晚，我告诉自己，世上没有救世主，能呵护你的只有你自己。"

人生旅途中，有时需要我们独自面对、独自承受那些来自生活中的狂风暴雨的侵蚀和寒冷，这种时候，依靠自己的力量比什么都重要。用左手温暖右手，不断地给自己加油、鼓劲，支撑自己再努力坚持一下。只要坚持，总会有拨开云雾见晴天的那一刻，这就是"洛阳大叔"在异国他乡生存、创业经历带给我们最大的启示。

适合的才是最好的

晚饭后出去散步，碰到一个院的李姐，我忽然想起她儿子刚刚参加完高考，于是问她孩子高考考了多少分，李姐说超了一本线30多分，我恭喜她，李姐也是一脸喜气："是啊，孩子挺努力的，能考出这个成绩，我和他爸都挺满意的。我们对他的要求也不高，只要有合适的学校和专业，哪怕上个二本也无所谓。"寒暄了几句之后，李姐走了，我却陷入了沉思。

我想起了单位的一个同事，他的儿子也参加了这次的高考，并且高出一本线100多分，原本是件高兴的事，同事却为此十分纠结。孩子平常学习一直不错，各方面素质也都相当优秀，给自己定下的目标是清华、北大，但目前的成绩不是他所期望的，他觉得自己有点发挥失常，恐怕去不了清华、北大，不过这个分数让他进一个挺不错的重点大学一点问题都没有，可他还是不甘心，执意要再复读一年。孩子的妈妈觉得再复读一年结果不可预知，不如今年走了算了，到了大学再读研，那时候还有一次选择的机会。做父亲的两头为难，一方面他很理解孩子，知道儿子的心气很高，也相信儿子的实力；另一方面他也跟孩子妈妈一样，担心复读一年效果还不如今年怎么办。同事多方咨询，和孩子的班主任沟通，最后决定尊重儿子的选择。同事说，他不再纠结了，但心还是一直悬着的，只有儿子参加完下次高考有了结果，或许才能够真正放下。

真是每年六月高考季，几家欢喜几家愁啊！

"在学校那边教室里面有一群复读生，他们并非落榜生，他们勤奋又聪明；为考名牌大学'自愿落榜'来复读，他们甘愿独木桥上再拼命……"这是网上曾经流行的一首"高中复读生"版的"蓝精灵体"歌谣，反映的正是同事孩子那样的复读生们的现状和追求：他们的高考成绩还算可以，有的也能考上不错的大学，可他们"自愿落榜"，为的是第二年考更好的大学，圆自己的"名校梦"。对于这种现象，人们褒贬不一，有的人肯定学子们为实现理想而拼搏的精神，也有的人奉劝他们选择放弃，面对复读应当冷静、理性、慎重。

在我看来，无论上什么大学，适合自己的才是最好的。"天生我才必有用"，每一个人都有自身独特的优势，只要找准自己的舞台，就一定能够焕发出炫耀的光彩。毕竟，这是一个多元化的社会，为我们提供着多样化的选择，每个人都能够从中选择适合自己的那一片土壤，并且扎根、发芽和生长。只是在选择的时候，一定要根据各自能力量力而行。无论什么样的选择，尊重和理解是最重要的。

转身，成就更好的自己

　　曾经，她是站在高高的领奖台上，集光环与荣誉于一身的奥运冠军；如今，她是阿里巴巴旗下众多淘宝店主中的普通一员。从奥运冠军到淘宝店主，一次并不华丽的转身曾让27岁的劳丽诗成为众多网友关注的焦点。而时隔三个月，2014年9月19日，作为阿里巴巴上市的特邀敲钟嘉宾之一，劳丽诗再一次吸引了众人的目光。

　　镁光灯下的劳丽诗心潮澎湃，尽管从小到大她无数次登上领奖台，面对过无数的鲜花和掌声，然而得知自己将作为淘宝店主的代表到纽约交易所为阿里巴巴上市敲响神圣的钟声时，她依然忍不住激动万分。那个时候她的网店规模还很小，也才刚刚开张几个月，可是眼看着自己的小店得到越来越多的人支持和关注，她由衷地感到喜悦，所有的困惑和迷惘瞬间烟消云散。

　　转身，让她成就了更好的自己，用另一种姿态站在了人生的舞台上。但是，这个转身曾经是何其艰难！

　　2010年4月，劳丽诗告别了16年的跳水运动员生涯，2011年11月她回到家乡，在省直机关做了一名公务员。从6岁开始练习跳水，到17岁在2004年雅典奥运会上夺得10米跳台双人冠军、单人亚军，再到之后由于肩袖撕裂等种种伤痛没能入选2008奥运军团，劳丽诗清楚地知道自己作为跳水运动员的最好状态已经过去，退役是必然的选择。最初，劳丽诗对工作并没有过多的想法。然而工作了两年之后，劳丽诗厌倦了，日复一日缺乏创意的重复性劳动让她感觉意志被逐渐消磨殆尽，人也变得越来越没活力，于是她想到了辞职。

得知她的想法后，父母坚决反对。在他们看来，一个女孩子有一份稳定的工作和收入，生活无忧，压力也不大，多好啊！辞职，这不是瞎折腾嘛！可劳丽诗铁了心，这样的生活不是她想要的，她也不愿意在这样的生活中虚度一生。2013年11月，劳丽诗正式递交了辞呈。消息传开，许多人都感到不解，有人甚至说，劳家这姑娘是跳水跳傻了吧？这么好的工作竟然给辞掉了！父母对劳丽诗的执意辞职也一度感到失望，但事已至此，他们也就慢慢接受了。

辞职后的劳丽诗一度很迷茫，她在微博中写道，"我不知道自己想要什么，只是知道自己不想要什么。"对于她来说，做自己不喜欢做的事是一种痛苦，那么转身是必须的。然而转身过后，方向又在哪里呢？她不知道。看到女儿郁闷、纠结的样子，做父亲的很是心疼，他建议劳丽诗出去散散心，调整一段日子再考虑接下来做什么。

听了父亲的建议，劳丽诗背上背包去了一趟云南丽江。徜徉在丽江的蓝天白云下，劳丽诗的心情也变得明朗了，遍布丽江街头的各种银器店、玉器店、小饰品店更是吸引了劳丽诗的目光，特别是那些富有民族风味的手链、串珠，简直让她爱不释手。

回家以后，劳丽诗把自己"淘"来的这些手工饰品拍成照片发到了微信朋友圈，没想到引来许多好友点赞，有的说她眼光好，也很喜欢她晒的这些饰品；有的给她留言，问她在哪能买到这些东西……看着好友们的留言，劳丽诗的眼前一亮，多年前的梦想突然浮现在了眼前，"开一家小店，卖一些自己感兴趣、喜欢的东西，随心自在，这不正是自己想要的生活吗？"

劳丽诗打算开一个手工饰品的实体店，考虑到实体店投资较大，她转而决定先从网店做起。对于从6岁就开始练跳水，跳了将近20年的劳丽诗来说，开网店可不是一件轻松的事，从注册、店铺设计、进货验收到沟通编程、买模板、找图定风格，每一个环节都是一个陌生的领域，需要从头学起。那段时间，劳丽诗如饥似渴地学习相关知识，翻阅资料，向人请教，整个人都瘦了一大圈。

2014年6月，劳丽诗的淘宝小店终于上线了。一石激起千层浪，得知昔日的奥运冠军辞职做起了淘宝店主，有人表示钦佩，也有人表示不理解、替她惋惜，甚至觉得她的行为很荒唐。而劳丽诗却乐在其中，对于自己的转身，她一点也不后悔。虽然几个月做下来很累、很辛苦，但她却觉得非常充实、快乐，她的人生也从此有了明确的方向。

有记者问劳丽诗："作为曾经的奥运冠军，为什么不利用这个资源去做做代言，这样不是更轻松些吗？"

劳丽诗摇摇头说："荣誉是一种很快就会枯竭的资源，我不愿意把自己寄托于奥运冠军的荣誉之上而生活。我只想转过身来，真正做回自己，做自己想做的事。"

对于未来，劳丽诗充满自信，她说等自己的小店做到一定规模后，她将去尝试做其他不同类型的淘宝店。如果以后有实力了，她还要开实体店、连锁店，甚至开个小公司。

是啊，死守冠军之名，结局往往会很惨，而转过身来，抓住机会，磨砺自己，道路将会更宽广，也将会成就更好的自己。这就是劳丽诗的转身带给我们最大的启示。

超越自己，你就是超人

穿行在罗马街头，古色古香的建筑、精美绝伦的雕塑、美丽多彩的壁画让28岁的美国小伙子迈克目眩神迷。迷醉在这座永恒之城的风景中，迈克甚至忘记了吃午饭，直到肚子"咕咕"叫着抗议。

迈克来到位于纳沃纳广场西侧的一家快餐店，随意找了个位置坐下。他招呼服务生，一个穿红色制服的男孩应声而来。迈克愣了下，心想："这家餐馆怎么雇用一个智障的孩子做服务生呢？"男孩递给迈克菜单，一字一顿地说："先生，请在你需要的食物后面打上对钩。"迈克画好后交给男孩，男孩开心地笑着，向迈克竖起大拇指。

迈克抬头往四周看，他这才发现，餐馆里似乎不止一个这样的服务生。正在收拾餐桌的小姑娘，个头似乎有点太矮了；正端着一盘比萨饼的小伙子，竟然只有一只胳膊；收银台上的那一位，表情似乎也不太对……迈克摇了摇头，感觉不可思议。

他的对面坐着一位老人，像是当地居民，看到迈克疑惑的样子，问他："小伙子，第一次来这儿吧？"迈克点点头。

"是不是感觉有点奇怪？"老人又问他。

"是呀，这里怎么……"

老人告诉迈克，饭店是一个叫帕拉迪尼的意大利人开的。帕拉迪尼是一名教师，原本有一个幸福的家庭，可是一次意外，儿子脑部受了重伤，从此便落下了后遗症，智力只相当于五六岁的小孩。几年间，帕拉迪尼夫妇带儿子四处求医，但收效甚微。看着儿子一天天长大，为了让他自食其力，人生过得更有意义，帕拉迪尼决定开一家餐馆，由儿子和另外几名有不同残障的孩子当服务生。然而，餐厅开张之后，顾客很少，有些人进入餐馆看到他们后便掉头离去。孩子们非常难过，也很受打击，认为自己真的是一个废人，没有任何用处。

帕拉迪尼鼓励孩子们："就是一棵小草也会给这个世界带来一丝绿意。只要超越自己，努力把要做的事做好，就会找到自己的价值。"后来，帕拉迪尼一家一家去拜访附近的居民，请求大家给孩子们一次机会。附近的居民被帕拉迪尼的诚心和良苦用心所感动，开始慢慢接受了这个餐厅，去餐厅吃饭的人渐渐多了起来。孩子们也很努力，尽自己最大的努力为客人们服务。

临走时，老人很有感触地说："虽然他们在某些方面不如常人，可是他们的努力和真诚会打动你。"

看到老人起身，那个独臂小伙子赶忙跑了过来，扶住老人，亲切地说："卡罗爷爷，您吃好了？"

老人竖起大拇指，与小伙子道别："西蒙，好样的！"

此时的迈克正处于人生的低谷，与人合伙开的公司正陷于官司中，相恋多年的女友也离他而去，听了老人的讲述，看到这温情的一幕，迈克受到了震动。

之后的几天，迈克用手中的相机拍摄下了一个个感人的画面：独臂小伙子西蒙单手拿起两个盘子利索地为顾客送餐；袖珍小姑娘丽莎在工作间隙像一只快乐的蝴蝶翩翩起舞；智障的德尼一丝不苟地在清洗餐具……

迈克把这些照片传到了网上，并写道："我们总是抱怨生活不如意，抱怨上帝不公平，然而看看这些孩子们，虽然残障，却依然能够快快乐乐地寻找自己的价值，我们还有什么理由再消沉下去呢？如果你想成为超人，就得先超越自己。"随后，这些照片和文字在网上引起了重大反响，很多人看了之后非常感动并纷纷转发，还亲切地把这个餐馆称为"超人快餐店"。

如今，罗马街头的这个"超人快餐店"天天顾客盈门，不仅当地的居民经常光顾，来自世界各地的游客也会慕名而来。帕拉迪尼打算把餐馆的规模进一步扩大，给更多的残障孩子提供机会。

人生在世，每个人都有自己独特的禀性和天赋，都有各自不同的实现人生价值的切入点。就像这些残障的孩子，只要努力，一样可以成为超人。

再小的善举，也会闪光

微信朋友圈里有一个视频在短时间内被转发上万次，视频很短，内容也很简单：几个陌生人因为一名灯塔守护者的遗嘱聚集在一起，每个人都收到了与自己素不相识的灯塔守护者的一件遗物——几张零钞、一朵枯萎的花、一块不起眼的贝壳……这些看似廉价的小物件其实都与那几个当事人有关，只是在他们毫不知情的情况下被这个刚刚去世的灯塔守护人珍藏了一生，而每一件都凝聚着一段温暖的记忆。

超市里，年轻时的灯塔守护人因为生活困顿，凑不起为女儿买奶粉的钱，身旁的陌生人向他伸出援手，默默地为他垫付了几张零钞后悄然离去。正是这几张零钞给予的温暖，让这名年轻的灯塔守护人对生活重新燃起了希望。

海边沙滩上，一对恋人喁喁私语，爱的画面如此浓烈，凝视那对恋人遗失的小贝壳，让一度羞于表达感情的灯塔守护者豁然开朗，原本陷入困境的一段感情从此峰回路转。

一场意外，灯塔守护人失去了自己唯一的女儿，痛不欲生之际，一位同样刚刚失去爱子的陌生夫人赠予他一朵鲜花以表示自己无言的安慰，她这种了然于心的懂得，胜过千言万语……

　　原来，这些看似廉价的遗物实际上都曾成为灯塔守护者的人生转折点，引导他积极向上地生活。而那几名本来被现状所困扰的当事人，因为这份意想不到的遗嘱，旧日时光历历再现，从而也迎来了他们的人生转折。

　　看过这个视频的人，大都被这个温馨的故事所感动，有网友发帖留言："没有想到，生活中一些小小的、不经意的一个举动，竟能成为他人生命中有意义的转折点。以后一定要多做善举，用自己的美好举动改变其他人。"下面有许多人跟帖，表示赞同。

　　的确，有些时候，看似无意的举动真的能够成为他人生命中有意义的转折点。记得我们这个小城刚刚开通无人售票公交车的时候，经常有人因为没有准备好零钱而遭遇尴尬。有一次在我经常乘坐的9路公交车上，一位大姐引起了我的注意。每当遇到乘客没有零钱投币这种情况时，只要她在车上，总会很热心地帮忙兑换，她的包里似乎有足够的零钱可以兑换。和她闲聊说到此事，她说其实之前自己也遇到过这样的窘境，后来好心人帮自己解了围。从此以后她也养成了这个习惯，经常在包里准备一些零钱，以便坐车时可以及时地帮助别人。每次有人向她表示谢意，大姐总是腼腆地笑着说："这是举手之劳的事，要谢，也应该谢之前帮我的那个人，是他教会我要尽自己所能去帮助那些需要帮助的人！"

　　一切美好的东西都是会传递的，就像连锁一样环环相扣。对你来说或许是无意的善举，而在别人眼中却如珍宝一般，甚至可能还会对他产生很大的影响。有时一句话，一个微笑，甚至一个举手之劳，都能让那些在钢筋水泥般的世界里变得越来越粗糙、麻木的心感受到暖意，成为他人抑或自己人生的转折点。

　　再小的善举也会发光，只不过它们总是在不经意间发生，其影响又往往超出我们的预期和想象。遗憾的是，我们中的许多人总是费尽心思筹划做一些大事，常常放弃或忽略一些小事，殊不知，小善大为。微小举动中，点滴小事上，能让我们每个人真切地感受到自己正被这个世界温柔相待。

请将身边那些不起眼的小事做到尽善尽美，唯有如此，才会迎来一个海阔天空的人生。

你比你想象的更美丽

穿漂亮衣服、成为一名模特是莫塔从小的梦想。

莫塔14岁那年，全家迁到加州的一个小镇，她也转入一所当地的新学校。莫塔喜欢游泳，班里的一个女生海伦娜也喜欢。不过，海伦娜嫉妒莫塔比她游得好，于是常常联合其他几个女孩欺负莫塔。一次游泳课上，莫塔刚刚穿着泳衣下到水里，海伦娜便和几个女孩嘀咕，故意取笑莫塔的身材。

莫塔没有朋友，每天都孤孤单单的，被海伦娜她们欺侮后，也只能偷偷地流泪。她的心情越来越灰暗，性格也变得孤僻起来，总喜欢一个人待着。

高中毕业后，莫塔不愿意出去工作，她对妈妈说她不知道自己应该去做什么。这个时候，妈妈已经发现了莫塔的异常。妈妈想："那就让她待在家里吧，兴许过一段时间就好了。"

宅在家里的莫塔喜欢上网，尤其喜欢逛一个名为"YouTube"的视频分享网站。一天，莫塔偶然看到了一个短片。那是多芬做的一个实验，他们招募了7位女性，然后请FBI专业的素描画家为这7位女子画像。画家完全看不到她们的外形，只是根据她们自己和朋友的描述分别作画。同样一个人，最终的形象却差别很大。实验告诉大家，"其实每个人在别人眼里，都比自己想象中的还美丽。"

看完短片的那一刻，莫塔的心为之一颤，长久以来，学校的那段经历让她一度觉得自卑，每次照镜子都觉得镜中的自己很丑。难道是自己错了吗？"也许自己并没有想象的那样丑？"

莫塔穿上漂亮的衣服，让妈妈帮她拍几张照片。看到莫塔的变化，妈妈高兴极了，拍完照片后，她激动地在胸前画着十字，"哦，感谢上帝。这上面的姑娘多漂亮啊！"

莫塔不敢看，她觉得妈妈一定是在骗她。妈妈却鼓励她："孩子，你就当那是另外一个叫莫塔的姑娘。"

莫塔试着像妈妈说的那样去看。她发现，照片上的女孩一点也不丑，尤其那一双修长的腿，看起来还真不错呢！

几年来，莫塔从没有这样客观地看待过自己。

在妈妈的再三鼓励下，莫塔把自己的这几张照片传到了YouTube上，结果引来许多网友的称赞。这时候，她才开始相信，自己真的"看起来很美"。

小时候的梦想突然重新浮现在莫塔的脑海中。宅在家里的这段时间，莫塔经常看一些购物频道，她发现很多人在买衣服的时候经常纠结服饰的搭配。莫塔原本就对服装搭配感兴趣，她想，如果把自己的购物心得和服饰搭配的想法做成视频发布出去，大家也许会喜欢。

于是，莫塔自制了一段购物心得的短片传到网上。出人意料的，这段视频深受网友的欢迎，她对服饰搭配的独特见解也得到很多人，特别是年轻人的认可，从此，莫塔一下子成了网络红人。

"这让我渐渐开始接受自己，我不再总是关注自己的身体，而是开始关注我这个人和我所热爱的事情。"莫塔后来这样说。

莫塔开始制作越来越多的视频。随着影响力的不断扩大，她很快拥有了自己专属的视频频道，不仅吸引了众多粉丝，还获得了不少商机，不断有服装品牌上门要与她合作，一家著名的美国青年校园品牌还推出了以她的名字命名的服饰和饰物系列。

如今，这些视频每月都能给莫塔带来可观的收入。

谈到自己的蜕变，莫塔说："我们花了太多时间企图去修正本来很完美的东西，却忽略了更美好的事情。肥胖又如何？单眼皮又如何？内心阳光和自信才最美！"

男人，你也可以流泪

我的一个朋友白手起家，走南闯北，是一位响当当的硬汉，几乎从未见他流过泪，他也很以此为傲。然而有一次，他去参加朋友父亲的周年祭奠，当朋友满怀深情地叙述父亲的一生以及成长过程中和父亲的生活点滴时，他突然想到自己已故的母亲，内心刹那间被触动，泪水毫无预兆地、抑制不住地往外涌。当他反应过来的时候，觉得很不可思议，可抬起头，他发现很多人的眼中都噙着泪水，周围的人也都以一种了然于心的眼神望着他。

后来，他深有感触地说："我一直以为男人流泪是一种软弱的表现，所以无论遇到多大的困难、遭受多大的委屈，我都不让自己在别人前流泪。可是那天，当泪水意外地流出时，我却感受到了一种前所未有的轻松，仿佛心中的毒素全都被排出去了，似乎有一股温柔的暖流涌进心田，全身顿时觉得好通畅。"

传统观念认为，"笑声疗法"能够帮助人们减轻压力，殊不知"哭泣疗法"同样可以帮助人们减轻压力，而且效果往往会比"笑声疗法"显著。因为人们情绪激动而痛哭流泪后，各种生活的负担、紧张感、焦虑感、挫败感等就会随之烟消云散。

有很多人，尤其是男人，总认为在人前流泪是一件很丢面子的事。实际上，流泪并不意味着你软弱无能，那只是一种心底感受的释放。毕竟人是情感动物，有七情六欲，能流泪、会流泪，说明你还具有感受痛苦、承担痛苦、分解痛苦的能力。否则，长时间的压抑会让情绪、情感无法找到释放的通道，久而久之，人就会变得麻木、愚钝。

在这嘈杂的尘世上拼搏，再乐观的人内心深处也有着说不出的痛苦和满腹的辛酸，再坚硬的心也难免会有脆弱和疲惫的一刻。"男儿有泪不轻弹"这句古话塑造了太多的硬汉形象，而刘德华那首《男人哭吧不是罪》却也道出了大多数男人脆弱的一面。所以每当硬汉们面对人生的喜与悲，或失声痛哭、或黯然落泪的时候，总是会震撼人心。

想当年，项羽兵败垓下，四面楚歌，英雄穷途末路，乌江岸边洒遍他的眼泪……然而冲天的热泪并没有损毁他的形象，反而更增添了他的男子气概，也让一代英雄的形象更加丰满，令人唏嘘感叹。

"男人哭吧哭吧哭吧不是罪，再强的人也有权利去疲惫……"在情到极致、伤之极痛时，男人，不要再执着地守着那份尊严和强硬，想哭就哭吧，哭出来了，所有的委屈、痛苦、忧愁都会随着泪水得到排解。只要能减轻痛苦、缓解压抑的忧愁，发泄一下遏制已久的强烈的感情，哭哭又如何？

想一想，你有多久没有流泪了？

你的努力，时光不会辜负

　　小云是我的一个远房表妹，小我10岁。我第一次见她，是她刚上大学的那年。说是大学，其实是我们当地的一所职业技术学院。听母亲说小云原本学习还不错，结果高考的时候因为家里的一场变故，她发挥失常，最后只能上个大专学校。那时候我已经参加工作了，周末回家，恰好母亲让小云去家里吃饭，她给我的第一印象是话不多，很腼腆的一个姑娘。

　　再次听说小云，是她被学校选派到日本留学。当时我们这个小城跟日本的一个城市是联谊的，作为小城唯一一所大专院校，每隔两三年都会选派几名学生到日本学习。公派留学，对于一所职业技术学院的大专学生而言，机会难得，因此竞争特别激烈，要求也很苛刻，需要经过层层选拔。也不知道这个小姑娘付出了多少努力，在各项考核中名列第一，终于争取到了一个名额。大家得知后都为她感到高兴。

　　两年的大学生活和一年的日本留学经历让学成归来的小云早已不像我初次见她时那样羞涩，她的眼神中多了一些坚毅。谈及未来的打算，她说她目前的学历太低，想继续深造，并且已经开始着手准备了。后来经过不懈努力，她果然又考上了外地一所不错的本科学校。再后来，她本科毕业，在上海一家外企工作。我们大家都认为，一个农村的小姑娘能走到这一步，真的已经很不错了。

日子在晴雨相间中走过，每个人都忙着自己的生活，我和小云的联系更是慢慢少了起来。忽然有一天，我在报纸上看到了一篇专访，记述的是一位农家小姑娘如何从低学历起步，坚持不懈地努力，最终成为一名大学老师的人生经历，虽然专访的人物用的是化名，不过我越看越觉得她是小云。回家问母亲，母亲说她好像听老家来的人提过，小云后来从单位辞职去读研究生，现在已经是博士了。母亲这样一说，我便确信那篇专访说的就是小云。

都说时光不会辜负每一个静静努力的人，从小云的身上，我真切地感受到积极向上、努力奋进对一个人人生轨迹的改变。现实生活中，很多人对现状感到不满，抱怨自己的出身，感叹命运的不公，可是从来没有想过，未来并非一成不变，将来能否成功取决于当前是否努力。与其在抱怨和哀叹中虚度光阴、停滞不前，不如趁一切都还来得及，放手一搏，用努力和汗水成就未来。

路遥在《平凡的世界》中说过这样一句话："每个人的生活都是一个世界，即使最平凡的人也要为他生活的那个世界而奋斗。"实际上，我们大多数都很平凡，但唯有不断努力的人，才会让平凡的人生焕发出绚烂的光彩，就像我的表妹小云。如果你觉得你所期待的明天遥不可及，那就从现在开始，努力完成一个又一个小目标，坚持下去，最后你会发现你正一步一步接近人生的巅峰。

生命之花的灿烂，得益于辛勤汗水的努力浇灌；人生之歌的嘹亮，离不开持之以恒的努力奋斗。愿我们每个人都能在自己的舞台上演绎出完美的人生。

一个人的冠军，两个人的荣耀

2014年2月11日，获得索契冬奥会自由式滑雪金牌的加拿大选手阿历克斯·比洛多冲下领奖台，激动地将金牌挂到脑瘫哥哥的脖子上，随后兄弟二人紧紧拥抱，共享胜利的荣耀，开心、喜悦的笑容也在他们的脸上绽放开来。这温情的一幕打动了现场所有观众，让人们在寒冷的冬夜里感受到了浓浓暖意。

奥运赛场上的每一枚金牌都沉甸甸的，承载着奥运健儿的梦想。对阿历克斯来说，他的这枚金牌不仅承载着他的梦想，更承载着哥哥的梦想；这个冠军是他的，也是哥哥的。

阿历克斯一直认为，如果没有出现那次意外，哥哥一定会像现在的自己一样，站立在高高的领奖台上，成为真正的奥运冠军。每次一想到那个意外，阿历克斯的心里就会涌起深深地自责。

那年，阿历克斯9岁，哥哥11岁，兄弟二人都喜欢滑雪，特别是哥哥弗雷德里克，那时候已经是当地有名的少年滑雪选手了，曾经代表他所在的中学参加过很多比赛并多次获奖。有一天，兄弟俩听说附近新开了一家滑雪场，便兴冲冲地一起去玩。到了场地，阿历克斯突然发现自己头盔上的一个锁扣坏了，哥哥知道后，执意把自己的头盔给弟弟戴上。拗不过哥哥，阿历克斯只得戴上哥哥的头盔，然后兄弟俩便往滑雪场深处飞驰而去。灾难却在一瞬间降临，仿佛鬼使神差般，一向在滑雪中游刃自如的弗雷德里克竟然撞上了一棵树，头部和颈部严重受伤，当场就昏了过去。

因为抢救及时，哥哥的命算是保住了，但从此落下后遗症。全家人痛心不已，特别是阿历克斯，很长一段时间陷入深深的痛苦之中而无法自拔，并且他似乎有些憎恨滑雪，如果不是滑雪，哥哥也不会变成现在这个样子。

然而哥哥的一次举动让阿历克斯决定成为一名出色的滑雪运动员。那是哥哥从医院回来以后的第一个冬天，雪下得很大，覆盖了车子、屋顶、树……四周白茫茫一片。哥哥看见雪，呆滞的脸上突然出现了光彩，他拉起阿历克斯的手跑向雪地，高兴地拍着手在雪地里转圈。阿历克斯见此泪流满面，他知道，哥哥对滑雪的热爱依旧深深存留在他的记忆里。阿历克斯紧紧抱住哥哥，对哥哥说他要做一名滑雪运动员，替哥哥实现冠军的梦想。

哥哥似乎听懂了阿历克斯的话，开心地咧着嘴笑，还向弟弟竖起了大拇指。

从此以后，阿历克斯疯狂地迷上了滑雪运动，不管是训练还是参加比赛，只要条件允许，他都会把哥哥带上。说来也怪，每次哥哥只要到了滑雪场，他的神态立刻就会变得专注，能安安静静地待很长时间。

对阿历克斯而言，哥哥就是他强大的精神支柱。曾经有一段时间，因为比赛成绩不理想，阿历克斯闷闷不乐，对自己失去了信心，训练也松懈下来。哥哥不会说太多的话，没办法安慰他，只是一次次地把他拉到训练场地，有时候实在没办法了，他就自己跑到训练场地，坐在那儿，等着阿历克斯去。阿历克斯明白哥哥的心意，为了不让哥哥失望，实现兄弟二人的梦想，他咬牙坚持了下去。

每次比赛，只要看到坐在场边的哥哥，阿历克斯就觉得有无穷的动力。2月11日进行索契冬奥会滑雪决赛时，第一轮，阿历克斯虽然在速度上占了绝对优势，但在动作旋转与腾空方面发挥平平，而且下落的时候他犯了一个错误，导致他的排名一下掉落到了第8位。当时的他压力非常大，转身望向看台上的哥哥，哥哥正高举着手臂向他竖起大拇指，他觉得心一下子稳了下来。后面的几轮比赛，他超常发挥，最终以精彩的跳跃、夺目的转弯和让对手难以企及的速度成功逆袭，取得了超出第二名1.6分的惊人成绩。

面对记者，阿历克斯感慨地说："十几年的运动员生涯中，哥哥一直陪伴着我，我不是一个人在战斗，我承担着两个人的奥运梦想。在哥哥的眼中，我看到骄傲和自豪，我能做的只有努力拿到冠军，为了我和他。"

做自己人生的设计师

单位同事李姐这两天喜气洋洋，原来她的女儿瑶瑶大学一毕业就被一家大型国企签约录用，职位也相当不错，在海外部做市场企划。

瑶瑶不是那种特别聪明的孩子，学习也不拔尖，但她踏实、努力，最让人欣赏的一点是她特别有主见，知道自己要做什么、方向在哪儿、目标是什么。据李姐说，瑶瑶在读初中的时候听说省会有一所高中教学质量特别高，她想报考。家里人不同意，说一个女孩子跑那么远让人不放心，就在当地读个高中算了。但瑶瑶执意要去，说那里的学习氛围好，对自己将来的发展有好处。家人思量之后，觉得当地的师资水平确实有限，为了孩子的将来，最后只得尊重她的选择。三年后参加高考，瑶瑶果然考进了一所不错的大学。李姐后来感慨，如果当初不听瑶瑶的，执意让她留在当地读高中，或许她考不上现在这么好的大学。

瑶瑶上了大学后，有时跟李姐闲聊，总能从李姐口中听到关于她的一些情况，比如她参加什么考试了，拿到什么证了，假期去哪儿实习了，受到什么奖励了……总之，听了李姐的讲述，瑶瑶给我的感觉就是她特别懂得如何把握、设计自己的人生，并为之不断去努力。

俗话说，机会从来都是青睐有准备的人。瑶瑶的择业之所以如此顺利，用她自己的话来说，就是"做好自己人生的设计师，不打无准备的仗"。从进入大学校门的第一天起，她就已经根据专业为自己定好了未来的职业发展方向。大学一年级时，她给自己制订了一个详细的计划，比如哪一年自己的英语要达到什么水平、计算机要达到什么水平，哪一年要考下什么证。大学四年，她一步步实现自己的目标，先后拿到英语专业口语证书、剑桥商务英语高级证书、全国计算机等级考试证书等。她还根据自己学习商务英语这一专业特点，考下了全国职业物流师中级证书，这个证书为她在择业竞争中加分不少。为了填补应届毕业生经验不足的弱点，她又利用寒暑假到一些公司实习，积累工作经验。正是因为这些条件，她赢得了用人单位的欣赏和肯定，让她在众多的求职者中脱颖而出，成功签约。

和瑶瑶截然不同的是，我一个朋友的儿子同样上了四年大学，可最后他只拿到了一个毕业证。而且他比瑶瑶早一年毕业，可一直也没找到合适的工作。好一点的条件高，他达不到要求；次一点的，他又看不上。就这样高不成低不就，于是他天天待在家里，不仅父母替他心急，他自己也挺郁闷。

从这两个孩子的求职经历我们不难看出，尽管应届毕业生逐年增多，就业形势也一年比一年严峻，但仔细想想，就业的难易其实是相对而言的，难易程度取决于实力的有无，以及自己是否有一个明确的目标和为目标所付出的努力程度。

很多孩子经过十年寒窗苦读进入大学后，一下变得放松了，失去了目标和努力的方向，把大部分时间花在上网、聚会、恋爱上。大学毕业的时候，除了一纸文凭，其他任何社会所需的技能也好、证书也罢，要什么没什么。殊不知，大学才正是提高自己未来核心竞争力的关键阶段，在大学这几年，应该更好地武装自己、充实自己，为毕业后步入社会做好足够的准备。

虽然我们不可能预测几年后会发生什么事情，但至少应该提前规划好自己以后的发展方向。与其毕业的时候羡慕身边的同学一个个都找到了满意的工作，不如从踏入大学校门的那一刻开始好好规划自己的未来，做自己人生的设计师。

第四篇
别错过身边的美好

岁月静好，无论是枯败的篱笆还是绽放的芳华，很多时候，占据我们心灵的往往不是春夏的绮丽浓艳，而是寒冬的一片沉静。正是身边的不经意，演绎成一个和寻常粗糙日子不相关联的梦境，梦里梦外，都是漫天飞舞的惊喜。

冬季同样富有诗意

已经进入隆冬，气温反倒回升了许多，一连几天都暖阳高照，小城的冬天暖意融融。

早晨我出门上班的时候，刚好迎着朝阳。路两旁的草木黄而干枯，让人依稀感受到冬天的肃杀之气，但天空却是少有的清澈干净，没有风，阳光明朗，温热不张扬，软软的没有劲道，带着丝丝暖意，慷慨地照在小城的每一个角落，洒落在行人身上，让人顿感舒服。我贪婪地吸吮着暖融融、湿润润的空气，享受这冬日暖阳赐予的温馨，心情也变得明媚起来。

其实，一年四季都有其独特的美。年少的时候，我不太喜欢冬天，总嫌它太漫长、太单调，天寒地冻、草枯叶落的，只有在下雪的日子才会感到一丝兴奋。到了中年，不知道为什么，我喜欢上了冬天，喜欢它的慢、它的静，更喜欢它那一片尘埃落定的冷静与阅尽世事的淡然。

冬天，是缓慢的。枯叶从树上轻轻飘落，有点迟疑，有点不舍；河中的流水也似满腹心事般，凝重而缓慢；太阳总想偷懒，一幅慢慢腾腾的样子，让天亮的过程也显得缓慢了许多；早晨起床磨磨蹭蹭的，总喜欢赖在温暖的被窝里享受那份慵懒；街上的行人裹着厚厚的冬衣，动作也比平日慢了许多；一只老猫懒洋洋地蜷缩着身子，躺在墙角……在这个缓慢的季节，没有浮躁，没有慌乱，没有速度，一切都是慢的。

冬天，是安静的。相比于春的烂漫，夏的热烈，秋的芬芳，冬天似乎显得过于沉寂。寒冷的天气，掩埋了夏蛙秋虫的喧闹，掠走了万物的繁华和锋芒，灿烂不再，辉煌不复，高山默默无语，田野静悄无声，一切有生命的东西似乎都回归到了大地母亲的怀抱。有雪的夜晚更是悠长宁静，漫天飘飞的雪花，无声无息，如蝶曼舞，让夜晚变得诗意盎然。

岁月静好，无论是枯败的篱笆还是绽放的芳华，很多时候，占据我们心灵的往往不是春夏的绮丽浓艳，而是寒冬的一片沉静。冬天以它的缓慢、宁静让我们拥有了一份覆盖心田的沉静，让我们的内心更加柔软而丰盈；冬天，让人安静，让人忘记浮躁。最喜欢深冬的夜晚，清寒、静谧，最适宜捧一杯热茶、放一首曲子、读书、写字，或者什么也不做，静静地享受那一份安宁。有雪的晚上更是绝美，平淡的黑夜灵动了，一切都被雪花演绎成一个和寻常粗糙日子不相关联的梦境，梦里梦外，都是漫天飞舞的惊喜。

诗人说，每一个季节都是美丽的季节，每一个日子都是安宁的日子。

难道不是吗？

平凡，焕发出的别样美丽

2014年3月26日这一天是悼念18岁男孩小杰的日子，李翠英手捧一大束百合，早早地等候在陵园门口。见到李翠英，小杰的妈妈情绪很激动，一把夺过她手中的百合摔到地上，"我不要你的花，你还我的小杰。"李翠英低垂着头，任凭小杰的妈妈怎么样推搡、责怪她，她都一声不吭。小杰的爸爸忍住悲痛，劝说自己的妻子："你就不要责怪人家小李了，那是小杰自己的意愿。"李翠英抬起头，对小杰的爸爸说："我没事，让阿姨骂骂我吧，这样，我也好受些……"话未说完，她也是满脸泪水。

同样身为女人、身为孩子的妈妈，李翠英万分理解小杰妈妈此刻的心情。小杰，多么阳光、帅气的一个小伙子，李翠英一想起他的不幸就揪心地疼，可是再想到三个人的生命因为小杰所捐献的器官而被挽救，她又感到莫大的欣慰，所有的误解和责骂对她来说都不算什么。

没错，她是一名人体器官捐献协调员，在她的努力下，因患脑癌离世的小杰成功捐献了一对角膜、两个肾脏、一个肝脏，从而挽救了三个素不相识的人的生命。在这些重获新生的人眼里，李翠英是他们生命中的天使，是她给他们带来了生的希望。

　　然而天使并非总是受欢迎的，作为一名器官捐献协调员，被捐献者家属误解甚至责骂，在李翠英看来早已是家常便饭。那天，在一名捐献者的追悼会上，她被捐献者的亲友团团围住，有人质问她："你是不是卖器官的？你收了人家多少钱？"还有人在旁边撇着嘴，一脸嘲讽："年纪轻轻的，干这么缺德的事，不怕遭报应啊！"面对大家的质疑，李翠英说自己已经习惯了。在至亲奄奄一息之际，一个陌生人走过来，请你捐出亲人的器官，换作是你，作何感想？将心比心，她理解家属的心情，所以无论这些家属怎么对待她，她都不会怪他们。

　　长沙一个13岁的男孩因为溺水不幸身亡，在李翠英的协调下，男孩的父母捐献了孩子的部分器官。事后，男孩的妈妈久久不能从悲伤中缓过劲来，经常给李翠英打电话，无论是白天还是晚上，每次接到电话，李翠英都耐心地劝慰、开导她，从不曾有过丝毫的厌烦。每逢清明或者孩子的忌日，李翠英总会抽出时间去看望孩子的父母，并和他们一起悼念孩子。

　　一名出色的器官捐献协调员，不仅要做好各种手续的办理、协调工作，还要与医院沟通、请专家评定，更要对悲痛万分的家属做好劝导，细致入微地给他们以关怀。从始至终，每一个细节、每一个环节都不能出错，稍有不慎，就可能前功尽弃。每一次的捐献手术，李翠英甚至比等候在外的家属还要紧张，她总是默默地祈祷，祈祷手术越快越好，确保器官的质量。手术完毕，她也总是尽心尽力、忙前忙后，像对待自己的亲人一样为死者料理后事。她会跑遍大街小巷，给亡者买合适的衣物，给等待出殡的捐献者擦身、换衣，也从不拒绝家属请她出席追悼会、扫墓的要求。

　　因为经常在医院、陵园、殡仪馆奔走，一次次经历人世间生离死别的场面，李翠英的心里也一次次遭受着创击，有时她也会感到压抑和悲伤。家人担心她，要她换一份工作。但每当她要放弃的时候，就会想到那个10岁的女孩曼丽。那时候，李翠英在一家医院的泌尿科做护士，曼丽是她的一个小病号。那是多么讨人喜欢的一个小姑娘啊，却不幸患上了尿毒症。曼丽喜欢唱歌，只要她身体稍微好点，便能听到她快乐的歌声。有时候，看到陪她看病的妈妈一脸忧愁，她还小大人一样安慰妈妈："没事，医生说了，只要把我坏掉的肾换掉，我就会好的。"可是，可怜的小姑娘没有来得及等到那一天便离开了人世。

曼丽的离开深深触动了李翠英，她知道，如果有合适的肾源，曼丽是可以活下去的。也就是从那时候起，她开始关注人体器官捐献，她这才发现，在美国等发达国家，人体器官捐献的供需比是1∶3，而我们国家是1∶30。也就是说，每年中国约有30万患者需要器官移植，但真正实施移植手术的仅1万例。想到有那么多双因为等不到合适的器官移植而绝望的眼睛，李翠英的心一阵阵地痛，她意识到自己必须要做些什么。恰好那时候国家正式启动人体器官捐献试点，李翠英便以一名志愿者的身份，满怀热情地投入到器官捐献协调的工作中。

在死亡与新生中间搭起一座桥梁，给绝望者以生的希望，让破碎的生命得以延续。每天奔波在生死之间的李翠英，用真诚和爱心让一个个生命重新找到了归宿，她平凡的人生也因此焕发出别样的美丽。

谎言编织出的美丽

美国得克萨斯州的一个小镇上，25岁的橄榄球星瓦特单膝跪地，手捧鲜花，向一个6岁的小姑娘艾琳郑重求婚。小艾琳开心地笑着，与瓦特拥抱在一起。旁边艾琳的妈妈琼斯热泪盈眶，她激动地说，这是艾琳收到的最珍贵的礼物。

瓦特怎么会向一个小姑娘求婚？

事情还得从艾琳患病说起。

艾琳活泼、好动，3岁那年，爸爸带她看了一场橄榄球比赛，从此艾琳便被深深吸引，并成为得州人队防守端锋瓦特的超级小粉丝。只要提到瓦特，艾琳就快活得像只小鸟。可是不幸却悄悄降临。5岁生日那天，艾琳突然流起了鼻血，怎么也止不住。妈妈琼斯带她去医院，诊断结果瞬间击碎了这个家庭原有的幸福——艾琳患上了急性淋巴细胞白血病。

艾琳的病情很糟糕，被治愈的概率非常低。半年以后，医生不得不押上最后一根稻草——骨髓移植。但就在准备移植的前两周，艾琳的病情复发了，这种情况下，艾琳的身体条件根本不允许她接受骨髓移植手术，眼看艾琳的病情一天天恶化，医生也束手无策。

自从艾琳生病以后，琼斯开始在网上记录艾琳的生活。在艾琳被诊断为白血病的那天，琼斯写道："我是一个工作狂，一度以为工作和事业是我全部的生活重心，然而当听到医生说艾琳患上了白血病的那一刻起，我才明白，没有任何东西比能够和女儿在一起更重要了。从今天起，我要珍惜和女儿在一起的点滴时光，陪伴女儿走过病痛。"

琼斯辞掉了工作，专心陪伴病中的女儿。为了不给艾琳带来压力和恐惧，琼斯和医院的医生、护士商量好，编织了一个美丽的谎言，告诉艾琳她得的只是一般的贫血。虽然大家极力隐瞒她的病情，但敏感的艾琳似乎还是觉察出了什么。有一天，艾琳问妈妈，是不是她得了什么重病，要死了。没等妈妈回答，艾琳又轻轻叹口气说："哎呀，真希望我快点长大，那样我就能嫁给瓦特了！"

其实，艾琳崇拜、喜欢瓦特，琼斯早就知道。艾琳生病之前，经常会说长大要嫁给瓦特的话，当时琼斯认为艾琳只是说着玩，从来没有认真过。此刻，当病床上的艾琳用那样一种遗憾的口气再说出来时，琼斯的心被深深刺痛，想到女儿再也没有机会像寻常女孩一样，穿着漂亮的婚纱，与心爱的男人一起走入教堂……琼斯难过极了。看到妈妈伤心，艾琳赶忙用小手帮妈妈擦干眼泪，说她会听医生的话，不喊疼，让妈妈别难过。病情稍微缓和一点，艾琳就在床上练习空手翻和橄榄球式的打滚，逗妈妈开心。

琼斯用文字、图片真实地记录下女儿的坚强、乐观。网友深受感动，纷纷为小艾琳祈祷。还有人给琼斯留言，建议她请瓦特圆了艾琳的梦想。想不到这个建议一出，竟得到了很多人的赞同，大家纷纷通过各种方式转发琼斯的文字，希望能够帮助小艾琳实现愿望。

过几天就是艾琳的生日了，如果能邀请更多的人，甚至邀请到瓦特来看望病中的艾琳，艾琳一定会很开心，琼斯把自己的这个愿望发到了网上。没想到当天晚上就有许多人留言，说他们会现场给艾琳送去生日祝福。还有一条留言说，瓦特最近的比赛特别多，如果有时间，也许会来看艾琳的。

生日这天，艾琳穿上粉红色的公主裙，身边摆满了鲜花和生日礼物。门铃不断响起，朋友、邻居和一些叫不上名字的陌生人都来看望艾琳，给她过生日，艾琳兴奋极了。

门铃再一次响起，身穿橄榄球服的瓦特出现在大家的面前，他不仅要为艾琳庆祝生日，还要送给艾琳一份特别的礼物——当众向艾琳求婚。

原来，得知艾琳的病情后，瓦特觉得满足艾琳的愿望比参加一场比赛更重要，于是他推掉了比赛，专程赶到得克萨斯，才有了这场富有爱心的求婚仪式。

瓦特帮艾琳圆梦的事在网上传开后，很多网友都称赞瓦特，夸他有爱心；也有人质疑，说他是借小女孩在炒作。面对质疑，瓦特显得很平静，他说："我之所以能有今天的成绩，离不开球迷们对我的鼓励和支持。7年前我曾经一度要放弃打球，那时候我在必胜客送比萨，一个小球迷看到我，对我说，'我喜欢赛场上的你，你这个样子让我失望'。因为这句话，我又重返球场。现在，我所能做的就是尽自己最大的努力去帮助别人，无论是家人、朋友，还是粉丝。"

那些被陌生人温暖的瞬间

有人在微博上发起过一个话题，请大家谈谈自己生活中被陌生人温暖的瞬间。这个话题一出，立刻吸引了许多人参与，大家一致认为，来自陌生人的善意的确是生活中最美好的经历，有时候哪怕只是一个小小的举动，都会让自己感到温暖。

杭州的一位年轻妈妈讲了自己亲身经历的一件事。一年冬天，她下班坐公交回家，车上挤满了人，忙碌了一天的疲惫写在每个人脸上。过了几站后，公交车进站停车，离她不远处有乘客下车，空出来的座位也不见有人去坐，她环顾一下四周，原来只有她一个娇小的女士，周围其他几位都是男士，有背着电脑包的上班族，有玩手机的男学生，也有拎着菜准备回家做饭的中年男子，大家似乎无意中达成了一种默契：女士优先。她忐忑地坐上去，内心充满了感激。其实那会儿她正怀有3个月的身孕，尽管看不出来，但她真的需要这个座位。望着窗外的夜色，想到身边陌生人对她的礼让，她在寒冷的冬夜里感受到了阵阵暖意。

一个名为"千丝舞动"的网友说："那年，老家的父亲意外脑梗被送进ICU抢救，得知消息时我正在深圳的地铁上，想到父亲生死未卜，我却无法赶回去，不由得泪流满面。旁边一个陌生的大爷递过来一包纸巾，虽然他一句安慰的话也没说，但让我感受到了来自那个陌生城市的温暖，并从此喜欢上了那儿。"

还有网友说："有一次，我提着皮箱上火车，皮箱太重了，我提不上去，我前边一个已经上去的大叔应该是用余光看到了，没转头，伸手就帮我提上去了，我连声'谢谢'都没来得及说。"他还说当时他心里好感动，觉得这个世界真的是好人多。

许多网友与大家分享了自己被陌生人感动的瞬间，也有不少网友跟帖评论。有的说："其实，在人生的旅途中，我们每个人都曾经感受过来自陌生人的善意，那些陌生人可能永远不会与我们相识，可是，他们在那个特定的时间、特定的场合以陌生人的身份给过我们温暖，让我们感觉到自己正被这个世界温柔地爱着，这就是一种正能量。"

网友"饮水的鱼"说："我们有什么理由不去善待他人呢？因为每一个小我都曾被这个广博世界温柔地对待着，我们应该让善的种子在心中萌芽、生长、开花……"

确实，很多时候我们期望社会可以传达一些正能量，殊不知我们自己就可以为这个社会创造出许多的正能量。生活温暖着我们，我们又怎能让生活变得冰冷？就像一位网友所建议的："我们每个人都应该做温暖别人的陌生人，不只是被别人感动。"

做温暖别人的人，其实一点也不难，友爱的小善意就是送给陌生人最好的礼物。比如在公厕让老人和孩子先使用，替没有零钱付公交车费的人解围，出门打车时把车让给比自己更急需的人，在别人抬东西吃力的时候搭把手……你的举手之劳，总能给人以温暖，何乐而不为呢？

如果每个人都能够感受到来自陌生人的温暖，又能够把这份温暖传递下去，我们的世界不是将会变得更加美好吗？

温暖也是一剂药方

　　一大早，休斯医生刚走进自己的办公室，值班护士丽莎小姐就拿着厚厚一沓挂号单跟了进来，对他说："瞧瞧，今天又是这么多的预约，您又该忙碌一整天了。"

　　休斯接过那些挂号单，随意翻了翻，故意装出一副痛苦的样子，在胸前画着十字，"上帝，您太眷顾我了啊！怎么忍心让我如此劳累！"丽莎笑了，"您可不能怪上帝啊！要怪只能怪您自己，您总是对病人那么好，所以他们都舍不得您离开。"

　　"因为我是医生啊，医生当然要对病人好啊！"休斯一脸认真地说。

　　休斯是英国普茨茅斯一家医院的全科医生，自从26岁那年取得执业资格，他在这个岗位上已经干了30多年了。30多年来，他医治了无数的患者，也与无数的患者建立起深厚的感情。在病人的眼里，他是一个难得的好医生，不仅有着精湛的医术，更重要的是，他关爱每一位患者。无论在什么情况下，他都微笑着耐心安慰病人，和病人交流，不厌其烦地回答病人各种各样的问题，让病人安心。

　　休斯精湛的医术和良好的医德为他赢得了"老派好医生"的称号，这么一来，更多的人开始找他看病，有的时候宁愿排队预约也一定要挂他的号，这导致他每天的门诊量总是最大，工作也总是超负荷，常常是每天第一个来上班，又最后一个离开医院。

天下没有不散的筵席，休斯到了退休的年龄，他要退休的消息也不胫而走。许多曾经找他看过病的人都舍不得他，纷纷到医院，就为了再见他一面，当然，有些是真正的病人，想请休斯医生再为自己看一次病，但更多的是希望亲自向他送去道别的祝福。一时间，医院里人满为患，无奈之下，医院只好决定一个周六下午专门开放两个小时来满足他们的要求。周六那天，院方又不得不根据实际情况把时间延长，因为前来的人实在太多了，有数百人，就连排队都排到了街上。

"那年我肚子疼，看了好几家医院，花了很多钱，都没有看好，后来我去找休斯医生，休斯医生和颜悦色地伸出手说，'来，我摸摸你的肚子'。就这一句话，一个动作，我就认定休斯医生是一个好医生。"一个妇人正在向身边的人述说着休斯医生给自己看病的故事，"有很多医生，你找他们看病，他们总是面无表情，只会让你做各种各样的检查，然后给你一大堆药，没有一个医生像休斯那样让你感觉到温暖。"说着，她的眼里淌出了泪花。

"是呀，休斯医生对待病人总是特别亲切，也很有耐心。"一个白发苍苍的老人接过妇人的话说，"30多年来，我只要身体不舒服就找休斯医生，他看病是最棒的。并且他总是腾出时间留心听你的问题，不仅耐心地解答，还会安慰你，竭尽他的全力为你治疗。"

旁边一个背着行李包、刚从外地回来的人点头表示赞同，他说他原本正出门旅游，听朋友说休斯医生要退休离开这家医院，就没有心思再游玩了，于是匆匆赶回来，就是想再见一见他，当面向他表示自己的感谢。"那年我得了一场重病，承受着来自身体的痛苦，但不知道为什么，每次见到休斯医生，我的痛苦好像就自动减轻了似的。后来我明白了，无论你有多痛苦，休斯医生总会给你传递一种力量，让你觉得安心、安全。那种力量，如同春风化雨，也许是几句问候，也许是他脸上亲切的笑容。"

看到那么多人对自己依依不舍，休斯很感动，他说，其实自己只是做了一个医生应该做的。在他看来，医生应是个充满人情味的职业，一个合格的医生，首先要关爱患者，然后才是诊治患者的病痛。病人将身体交给了医院和医生，那是一种信任，医生有责任让他们在接受身体治疗的同时，心灵和感情上也能够得到慰藉与支持。医生的倾听和关注，往往会使患者认为医生对他们足够重视，有利于促使他们配合医生的治疗，共同对抗疾病。

没错，一个好医生不仅需要高超的医术，更要多一份柔情与耐心，因为爱的力量是无限的，温暖也是一剂药方。

不妨和陌生人说说话

已经坐在回家的火车上了，男孩还一直处在纠结中。上车后，男孩没有和任何人说话，一直低头玩着手机，或者想着心事。

车到一个小站，上来一对中年夫妻，坐在男孩的对面。

刚开始，夫妻俩絮絮低语，男孩并未在意。后来，女人先开口问男孩："你是大学生吧？"男孩点点头。得到男孩肯定的回答，女人开心地笑了，侧头对丈夫说："我说得对吧！"看到男孩不解的目光，女人有点不好意思地解释："我儿子和你年龄差不多，也在读大学，所以每次一看到学生模样的孩子就觉得特别亲切。"

"哦，当妈的都这样。"男孩一副表示理解的样子，接着，又开始低头玩手机。

女人很想和男孩聊聊，便从男孩的手机谈起。男孩说，这个手机是他上大学时妈妈帮他买的。说到自己的妈妈，男孩打开了话匣子，说他小学六年级时妈妈就把他送到外地的一个重点学校读书，7年的时间里，妈妈坚持每个星期去看他……男孩和女人谈了很多，甚至把自己的小秘密也告诉了她。

男孩说自己这次坐车是回家乡看女朋友的，他的女朋友在当地一个二本院校读书。他们俩是高中同学，读书时彼此印象不错，上了大学后不知道怎么着就处上了，可是交往了一年多之后，男孩感觉有点不胜其累，女孩很娇气，动不动就使小性子，可能是因为接受的教育不一样，周围的环境也不一样，两个人的许多想法总是不能同步。男孩说自己其实也很困惑，明明已经感觉到了两个人的差异，却无法割舍掉这段感情，而且他不敢把这些告诉妈妈，怕妈妈生气，妈妈如果知道他交了这样一个女朋友，肯定会对他失望，因为妈妈太追求完美。有些时候，妈妈让他觉得压抑……说到动情处，男孩有点激动，泪光在眼眶中闪烁。

女人有些感动，因为这孩子表现出来的真诚。同样是母亲，女人当然理解男孩的妈妈，在对待孩子的问题上，她和男孩的妈妈一样，对孩子期望太高，还总以为自己所有的付出都是为了孩子好，孩子就应该完全听从自己。只是此刻作为一个旁观者、一个陌生人，角色转换了之后，女人忽然间理解了孩子，并以朋友的身份给了男孩许多中肯的建议。

说来也怪，有些事情你无法说与知心朋友，和陌生人却可以倾诉衷肠；有些你不能自解的疙瘩，说不定陌生人可以一语中的，让问题迎刃而解。男孩说出了心里的这些话之后，似乎一下轻松了许多，也不再总低着头玩手机了；而女人，感觉自己也收获了许多，未来的日子里，她可能会更加理解自己的孩子了。

生活的甜美，自己酿造

又到了葡萄上市的季节，虹姐打来电话，说星期天要去近郊的葡萄园采摘葡萄，打算多酿些酒，问我去不去。我欣然答应了。其实我很早就想跟虹姐学酿酒，这次机会难得，可不能错过。

虹姐的爱人喜欢喝酒，年轻的时候没觉得酒对身体有什么影响，年龄大了以后，好多毛病就都出来了，可他看到酒还是忍不住想喝几口。后来虹姐听人说喝葡萄酒对身体很有好处，葡萄酒中含有的抗氧化成分和丰富的酚类化合物可预防动脉硬化等多种疾病。特别是自己动手用新鲜葡萄酿制出来的葡萄酒不添加任何东西，味道纯正，营养丰富，喝起来更放心，也更经济实惠。于是虹姐每年都自己酿葡萄酒，一年年做下来，经验越来越丰富，酿出来的酒无论色泽还是口感都不错，简直可以和超市里卖的葡萄酒媲美。

一次，几个朋友在一起吃饭，虹姐的爱人自带了一瓶葡萄酒，起初大家都没太在意，以为就是买来的，闲聊时才得知这酒是虹姐自己酿的，再听虹姐的爱人说起酿酒的缘由、酿酒的过程，以及虹姐如何精心挑选葡萄，如何不嫌麻烦清洗、破碎、压榨、过滤，说到动情处，大家不由得感叹"酒不醉人人自醉"，羡慕他有福，娶了一个贤惠的妻子。那一刻，我被虹姐的用情和付出深深地感动了，牛乳般的灯光里，轻轻举起手中的高脚酒杯，凝神想象虹姐洗、晾葡萄和榨汁、过滤时的动作和神情，我想，那一定是一位妻子、一位恬静的女子最美、最温情的姿态，这姿态令我沉醉和神往。

后来见到虹姐，和她聊起做葡萄酒的话题，虹姐说，自己做葡萄酒虽然麻烦，却也有着许多的乐趣。"每年一到葡萄成熟的季节，我的心就痒痒了，寻思着该去买葡萄了。葡萄买回来了，挑选、清洗，再一粒粒破碎装罐。过程虽然烦琐，可每当看着那些新鲜的葡萄一天一天慢慢变成玫瑰红色的液体，又一天天慢慢地发酵，满屋子都飘散着醉人的酒香，想到它们很快就会变成一杯杯晶莹透亮、醇香浓郁的葡萄酒，我的心里就溢满了欢喜。"看着虹姐那一脸沉醉的神态，我笑着接过她的话："等到亲朋好友杯盏交错时，得意地满上自酿的酒，更有一种成就感了。"虹姐笑着说："是呀！看到大家喜欢，我当然高兴了。特别是我老公，喝我酿的葡萄酒，越来越上瘾，他现在已经很少喝白酒了。"

虹姐自酿的葡萄酒我尝过，香气细腻，口感清新，入口有点酸，而后有点涩，最后有点甜，收尾则是浓浓的酒香，酒劲也挺大。虹姐告诉我，不同品种的葡萄酿出来的酒在味道、色泽上都有差别，另外酿造的时间、温度的高低、添加白糖的多少也会影响酒的味道和度数。虹姐说她最喜欢用一种名为玫瑰香的葡萄酿酒，用它酿出来的酒晶莹剔透，清甜、甘洌，香气也非常特别，她的爱人最喜欢喝这种葡萄酒了……听她说，我仿佛感觉到她在一粒一粒清洗玫瑰香时内心早已涌满如酒的甘醇，对她的敬意顿时油然而生。想想看，闲暇之余，一个女人用一颗温婉细腻的心亲自动手为家人酿制美酒，其中饱含着怎样的浓浓爱意，这又岂是外人所能体会到的？难怪虹姐的爱人在说到虹姐酿酒时会那样动情了。

　　在虹姐看来，自己酿酒，酿的是心情，喝的是情意。找一个风清月朗之夜，三五好友相聚在一起，人手一杯美酒，放上一曲音乐，此情此景已然令我们陶醉其中了，倘若杯中酒又是自己亲手酿造的，那么"举杯邀明月"之时，不仅明月会格外明朗，心情也会随之格外清爽吧！端起酒杯，看红酒在柔柔的月光下摇曳，透明的液体缓缓地从杯底流到杯壁，那样一份喜悦与满足，真的令人无以言表。

　　唐代诗人刘禹锡曾作诗赞美葡萄酒："我本是晋人，种此如种玉。酿之成美酒，尽日饮不足。"古人尚且知道"酿之成美酒，尽日饮不足"，我们更没有理由舍弃这样的美味了。

　　葡萄熟了，我们一起酿酒吧！

漂泊，只为多看你一眼

最朴实的往往最能打动人心。2015年春节期间，《新闻联播》播出了一组"只为多看你一眼"的纪实片，讲述的是三个关于过年团聚的故事。正是这些普通人的视觉和情感，深深感动了屏幕前的每一位观众。

第一个故事的主角是一对中年夫妇，丈夫梁培锋在高原值守铁路隧道，过年不能回家跟家人相聚。儿子高原反应严重，所以妻子不敢再带他去探亲。思量之后，妻子选择乘坐途经哨所的列车，这是唯一能看到丈夫的机会。可是，火车时速太快，倏忽而过，短暂的6秒，妻子没看清楚丈夫的脸庞，丈夫也没能看清火车里的妻子和孩子，只有车窗外那飘扬的红丝巾承载了所有的牵挂……

第二个故事也跟火车有关。2004年，沈阳客运段新开通了K388次列车，王玉梅主动申请在这趟列车上值乘，不为别的，就因为这趟列车停靠她的家乡四川广元站。作为K388次列车的列车长，每年春节都是王玉梅最忙的时候，根本没有时间回家探望高龄父母，于是他们便约好在广元站火车经停的时候见面。为了能看上女儿一眼，70多岁的白发父母不辞辛苦，跑80公里路到站台上和女儿相聚，尽管只有短短的6分30秒时间……

第三个故事讲述的是一位年轻的军嫂王琼，不远千里从西安赶到新疆阿勒泰，看望驻守扎玛纳什边防连的丈夫闫静秋。为了能够与丈夫团聚，她不惧路远、不畏严寒，在零下35度的风雪天气，面对大雪封山、车辆陷入积雪、汽车离合器断掉等意外状况，王琼丝毫没有退缩，毅然踏雪步行，花了8天7夜的时间终于赶到了新婚丈夫的身边……

春节，是中国人最看重的一个节日，能够在过年的时候相见、团圆，既显得特别欢喜，又有着特别幸福的含义。对于那些因为各种原因无法回家的人来说，相聚的距离有多远？相见的过程有多难？在以上这三个纪实故事中，为了能够多看对方一眼，多相聚哪怕短短的几分钟甚至几秒钟，他们历尽千辛，想各种办法——一条红丝巾，帮助一家人实现了只有6秒钟的相聚；奔波80公里，和女儿有了6分30秒的团圆；8天风雪路、跨越半个中国，只为兑现一句承诺、一份爱情。

那些动人的画面，故事里主人公的坚定、坚强，以及他们彼此之间浓浓的情、满满的爱，令许多人泪光盈盈。网络上，这组报道一时间更是成为网友关注的热点，纷纷通过微博、微信等留言、点赞、转发。

网友"空谷幽兰"说："无论是冰天雪地中的马拉爬犁，还是站台上的6分30秒，抑或列车车窗外的红丝巾，都只为多看你一眼。岗位上的团圆是责任与亲情的互换，更是家与国的双重情怀！向他们致敬！"

网友"小飞鱼"说："视频中红丝巾从车窗中飘出来，那位丈夫专注欣喜的目光，让我第一次觉得红丝巾那么漂亮。一条红丝巾，相聚6秒钟。太感人了。"

还有网友说："看到故事里的主人公相聚那么不容易，好感动。相比之下，觉得自己好幸福，至少我和家人的相聚不是6秒，不是6分半，不需要翻越雪山跋涉8天。"

　　……

　　网友们的评论几乎无一例外地表达了自己的感动，一方面真诚地感谢那些节日里依然坚守在岗位而不能回家和亲人相聚的人，为他们的付出点赞；另一方面，更加珍惜日后自己和亲人在一起的时光。

　　"每逢佳节倍思亲"，漂泊的日子里，无论成功或失败，还是快乐或辛酸，与亲人团聚的愿望是我们亘古不变的情怀，只因在那一头有亲人最热切的期盼、最热情的守候。团聚不易，相聚难得，飞越千山万水，历尽千辛万苦，只为多看你一眼。

我就在你身边，而你却在玩手机

不知从什么时候起，忽然发现自己out（落伍）了。

就拿手机来说吧，当身边的朋友今天小米，明天苹果，玩微博、刷微信、打游戏、看视频、听音乐的时候，我却还在使用着一款老式的三星手机，其功能也只限于接打电话和收发短信。朋友说我老土，劝我换一个智能手机。那就换一个吧！可换汤不换药，即便换成了智能手机，开通了网络，平时我依然只是接打电话和收发短信，其他的功能几乎从来都不用，把流量给白白浪费掉了。

时代总是不断前进，4G时代尤其容易令人患上"被抛"感。不过于我而言，没有觉得这有什么不好。面对日新月异、品种繁多的电子产品，我向来的态度是"能用就成"。比如手机，任它功能万种，配置如何高超，我最常用的无外乎通话和短信。虽然我也知道现代化的方便、快捷，但我更在意的是随性自由，我可不愿被手机捆绑，像吸毒一样上瘾，让时间越来越不够用。其实手机最初就是作为移动通话设备而诞生的，只是随着智能化的日益普及，手机的功能已经不仅是接打电话这么简单了，它还可以作为上网设备、游戏机和音乐播放器来使用。英国一家移动企业公司调查了2000名智能手机用户的手机使用情况，结果发现，人们一天下来平均用手机上网、玩游戏、听音乐的时间大约是两个小时，而接打电话的时间仅12分钟左右。

看看自己的身边有多少人痴迷于微博、微信，他们没日没夜地上微博、微信，无论大事小事，都会发帖上去炫炫，总之，他们充分利用起一切可以利用的零碎时间。不信你去看，公交车上几乎全是低头一族；饭桌上，即使等着上饭菜的那几分钟，也有人舍不得浪费掉，低头摆弄着手机。几分钟多宝贵啊，能刷不少条微信呢！难怪现在最流行这样一句话：世界上最远的距离不是生与死，而是我在你身边，你却在玩手机！

前不久，我见到一女友手里拿了一款几年前的三星手机，她可是位时尚达人，热衷赶各种潮流、博客、人人、开心、微博、微信、飞信……你来啥她玩啥。像这种老款的手机，七八年前她就淘汰不用了，现在怎么又重新拾起来了？女友说她厌倦用智能手机了，每天被手机捆绑，就跟手机的奴隶似的，完全没有自己的时间，她只想回归到最初的那种状态，手机只要具备原始的接打电话、收发短信的功能就好。

女友的话让我若有所思：风华渐渐横秋，岁月年年见老，人其实不必太在乎和计较什么out不out。古人云："物无美恶，过则为灾。"有时候，时尚或许只是看起来很美，不追也罢！

不做别人眼中的自己，如果有人说自己out了，out就out吧，只要自己真正觉得开心，out了又何妨？当然，out归out，但学习的本能还是要有的，否则，一不小心就会超前跨入老年痴呆的行列！

第五篇

幸福就藏在你背后

　　幸福总是小的，它们是生活中小小的幸运与快乐，是流淌在生活的每个瞬间且稍纵即逝的美好，是内心的宽容与满足，是对人生的感恩和珍惜。把握生活中那些简单而又平凡的瞬间，当我们逐一将这些"小确幸"拾起的时候，也就找到了幸福的真谛！

比怨恨更绵长的是亲情

武汉的罗大爷3年前因为家庭纠纷，与女儿斗气，从此断了来往。可是，每次想起原来一家人在一起的幸福时光，老人整宿整宿地睡不着觉。原本文化水平不高的他只要有空闲时间，就趴在桌子上回忆女儿成长过程中的点点滴滴，3年时间竟断断续续写下了4万字的"家史"，呼唤女儿常回家看看。

看完这则消息之后，我不禁唏嘘感叹，不知道这父女俩到底因为什么产生了这么大的心结，竟导致他们3年时间互不来往。可是话又说回来，打断骨头连着筋，还能有什么东西比父女之间感情更重要的呢？单凭老人的那份苦心，那位做女儿的也不应该如此狠心和绝情啊！人的一生存在着无数选择，唯有一样全凭上天决定，那就是血缘亲情。血浓于水，再怎么说，父母生养了我们，不管他们做得对不对，作为儿女也没有资格记恨他们。否则，等到"子欲养而亲不待"的那天，你再怎么后悔也挽回不了那逝去的亲情！

我想起朋友林的经历。林和他父亲的关系一直不太融洽，甚至他有点怨恨父亲，根源在于林那个不成器的哥哥。林的哥哥比林大两岁，都说老人偏爱小的，可是他们家不一样，打林记事起，他就觉得父母对哥哥亲，有什么好吃的总是先满足哥哥，兄弟俩打架、淘气，挨打的也总是自己。因为不喜欢读书，初中没毕业，林的哥哥就辍学回家，开始在社会上混来混去，干一些偷鸡摸狗的勾当。林不喜欢哥哥，觉得哥哥之所以这样，都是父亲娇惯、纵容的结果。林曾经一度认为自己不是父母亲生的，所以他们才会那样偏袒哥哥。直到有一次，哥哥犯事，被派出所的人抓了起来，父亲让林去找人问问，看能不能从轻发落，林赌气不管，说像哥哥这样的人就得严加惩罚，谁知他的话惹恼了父亲，父亲一气之下突发脑血管疾病，没多久就去世了，临走前，没有留下任何只言片语，甚至没能够看上他最喜欢的哥哥一眼。

记得那天见到刚给父亲办完丧事回来的林。林见到我们，话还没有说出口，眼泪已经先流了下来。林说因为父亲生前对哥哥的娇惯，自己曾经怨恨过父亲，父亲离世后，母亲才把所有的事情都告诉了他：林的哥哥原本是父亲一个名叫大强的工友的孩子，是林同母异父的兄弟。父亲和大强在同一个工地上干活，突然有一天，从几十米的高空上掉下来一个脚手架，正砸向林的父亲，大强见了，一把推开了林的父亲，自己却被砸中，昏迷几天后因抢救无效离世。那时候，在大强的病床边，林的父亲发誓一定会照顾好大强的妻子和他刚刚一岁的孩子，渐渐地，林的父亲与大强的妻子走在了一起，一年后又有了林。正因为大强救了自己，所以林的父亲为了报恩，宁可让亲生儿子误解，也不愿让大强的亲生骨肉受一点委屈。母亲说，其实父亲一直很内疚，觉得对不起林……听了母亲的话，林悔恨不已，他没有想到事情竟然是这个样子，再想到父亲是带着被自己的误解和怨恨离开人世的，林有些痛恨自己。

林说父亲的去世让他明白亲情是永远拉扯不掉的，无论多大的隔阂和怨怼，因为是一家人，所以再阴霾的日子也会有晴朗的一天。

是呀，亲情是人生中最宝贵的财富，是你享用不尽的家产，一个人可以没有万贯家产，也可以无权无势，却不能缺少血浓于水的亲情。即使是遗失的亲情，也是可以找回来的，因为比怨恨更绵长的是永远也无法割舍的亲情。

爱他就给他你的耳朵

儿子去了外地上学，于是每天倾听儿子的电话就成了我们生活中不可缺少的企盼。

通常情况下，儿子每天至少要打两个电话：一个是在中午吃完饭回到宿舍时，这个电话打的时间很短，前后也许超不过两分钟，期间儿子会告诉我们他中午吃的什么，我们也只是简单叮嘱他几句，比如吃饭不要太单一，要变换着吃，提醒他喝点水赶快去休息；另外一个电话是在吃完晚饭准备去自习室时打的，相比之下，这个电话打的时间稍微长一些，或者三五分钟，或者更长，电话内容除了询问儿子的饮食、生活情况外，还包括他的学习情况、与同学相处的情况等，凡是我们想知道、想了解的，以及儿子想要向我们诉说的，都放在这个时间。

儿子刚离开家出去上学时彼此都很不习惯，原来天天在一起，每天多多少少都会和儿子有一些交流，他在学习上、生活上有什么问题了，我们感觉看得见、摸得着，心里也踏实、有底。猛然间离得远了，在我们看来，有点失控，心里也总有些不踏实；但在儿子看来，自由是自由了，却在很多时候感觉到孤单或者茫然。

儿子刚入学那阵，跟我们的交流并没有规律性，他很少主动给我们打电话，倒是我们三天两头地跟他联系，不过打电话的时间我们总把握不好，电话打过去了，多数情况下是无人应答。后来儿子告诉我们，怕影响学习，所以他并不随身带着手机，一直放在宿舍里。我们打电话过去的时候，如果赶上他不在宿舍，我们只好等着，等他回去发现有未接来电再给我们回过来。等的这段时间是长是短、等到什么时候是不可控的，有时候你这边等得心焦，人家那边根本就没看电话，于是心里就有点犯嘀咕，时间长了，可能真就失控了。

其实在孩子的教育上，我是主张该放手时就要放手的。但这个放手是适度的，并不是大撒手。家长们都知道：对孩子管得太多，难免会使孩子显得过于规矩，长大了唯唯诺诺，缺少创造性；倘若放任自流，孩子我行我素，又担心他长大了缺乏意志力和责任心。所以说，如何掌握这个度确实是一个大难题。

在我看来，在了解的前提下可以做到有的放矢地放手，决不能不管不问。儿子这个年龄段正处于青春逆反期，有着强烈的自立意识，希望离开我们，摆脱家长的约束，自己去面对生活，然而，当他真正走出去了，独立生活了，却又缺乏足够的自信和经验，稍遇到点挫折就会感觉到有压力，生性的善良和胆怯又会令他迷惘，做父母的在这种时候一定得给予他适当的关注和必要的帮助。

为了解决这个问题，后来再去学校看儿子的时候，我们就和他商量，要他每天主动给我们打电话，什么时间打由他自己掌握。当然，我们先表态说这样做的目的主要是方便我们能联系上他，免得替他担心。我们也保证做到不啰唆。起初儿子有点不太乐意，嫌太麻烦，不过打了几次后就慢慢习惯了，时间也固定在每次吃完饭回到宿舍的时候。

其实，每天要儿子打两个电话，我心里多少有些矛盾，我知道这么做就是想更多地了解儿子的情况，但又怕这样做对他管得太多，有悖教育的理念。后来这个方案坚持了一段时间之后，我突然发现效果还不错。

首先，我们再不用担心和儿子联系不上了，有什么需要交代的、叮嘱的尽可以在电话里对他说了；其次，因为每天都打电话，即使只是简单的几句话，我们也能从他说话的语气、腔调中判断出他的精神状态、心情如何，从他的话语中了解一些他在学校的情况。有时候我们并没有刻意询问他什么，他反倒会在电话里说上很多，比如老师表扬了他，班里有什么新鲜事，和班里哪个同学闹别扭了等等，这些事情可能就是刚发生不久的，他急于与人分享或倾诉，于是很自然地就说了，如此一来，我们反倒对儿子有了更多的了解，沟通、交流的机会也更多了。

记得高一刚开学时，儿子因为有洁癖不喜欢别人在他的床上躺着，而有些孩子在这方面不太注意，因此儿子心里总有些闷闷不乐；还有打开水的问题，儿子说每次都是自己去打，有些同学只喝不打，刚打的水很快就没了……很多类似的小问题，儿子偶尔在打电话向我们抱怨、发一些牢骚。在这个过程中，我发现很多时候儿子其实只是想对我们诉说，并不需要我们做什么、说什么，我们要做的就是用心倾听。因为每当我们安慰他、劝解他的时候，他反倒说我们小题大做，说他也只是想说说而已，他知道应该怎么做，都是同学，他得学会包容，只是难免心里不舒服。

是的，作为成人的我们在遇到很多问题时难免会抱怨，更何况孩子，总得给他一个发泄的出口啊！一个人在倾诉的时候，其实是一个重新经历和认识自己诉说的事情的过程，说出来，心就安了，心情也会变得好起来。

　　每天倾听儿子的电话让我有了新的感受：做父母是天下最难的事，虽然说好的教育是以爱为前提的，但仅仅有爱是远远不够的。有时候，你以为你是爱他的表现，苦口婆心地说教、训斥，晓之以理、动之以情，其实远不如学会倾听他更有效，那是因为，你站得比他高，他不服气，当你弯下身先来理解他时，或许他就能认识到错误了。

　　每个孩子在成长的过程中都会有自己的心思和困惑，甚至痛苦和悲伤，作为父母，一定要学会倾听、多去倾听，循循善诱地引导孩子把内心的想法、困惑说出来，从细节中发现问题，同时注意不以成人的知识嘲笑孩子的无知，不以自己成熟的思维方式批评孩子的想法的幼稚可笑，让孩子感觉得到了尊重和理解，这样你再寻找恰当的方式帮助他解决问题时他才可能愿意接受你的帮助。

　　学会了倾听，儿子也更乐意和我们交流了。只是为了不错过儿子的任何一个电话，却苦了我和先生，每天一到儿子要打电话的那个时间点，我们就魂不守舍，手机不离手，盼着那铃声响起，否则做什么事也心不在焉。当那个遥远的声音清晰而生动地回响在我耳边时，温馨和怜爱的感觉便会从我的心底升起，所有的牵挂便得以安顿。

　　爱他，就给他你的耳朵吧，相信你会有意外的收获。

像妈妈一样照顾妈妈

"妈妈，天已经快黑了，别再出去了。"小海萱拉住妈妈的手，不让妈妈离开家。可是，她小小的身子岂能挡得住妈妈，妈妈甩开她的手，挣脱着往外走。由于用力太大，小海萱被妈妈推到了地上，头重重地磕在了门槛上。忍着疼痛，小海萱一骨碌爬起来，紧追两步，拽住了妈妈的衣襟，想拉住妈妈。

妈妈一次次地挣脱，小海萱一次次地追上去。她已经使出全身的劲了，小手也被妈妈掰得生疼，可还是拦不住妈妈。没办法，小海萱只好眼泪汪汪地跟在妈妈的后面。天马上就黑了，她不放心妈妈一个人出去。

自打记事起小海萱就知道，自己的妈妈和别人的妈妈不一样。别人的妈妈温柔、可亲，会给自己的孩子做饭、洗衣，会陪孩子玩；而自己的妈妈什么都不会做，只会疯疯癫癫乱跑。爸爸得去干活挣钱，只好让小海萱看护着妈妈。

想到爸爸，小海萱的心里一阵难过。村里人都说妈妈是个疯子，爸爸是个傻子，可是爸爸是世界上最疼她和妈妈的人。妈妈犯病的时候总是往镇上跑，捡别人吃剩的东西往嘴里塞，爸爸从来不多说话，每次都四处去寻找她，再把脏兮兮的妈妈领回家。为了挣钱给妈妈看病买药，爸爸就去外边出苦力，扛树、装车，任凭多重，他从来都不喊累。

小海萱打心眼里心疼爸爸，从四五岁开始懂事起，她就承担了照顾妈妈的责任，还学会了给妈妈洗衣服、洗头、喂药，以及做饭、干家务等。

因为个子太矮，力气又小，洗好的衣服湿漉漉的怎么也拧不干，小海萱就踩到凳子上，把衣服挂起来，一点点拧。衣服拧干了，她身上穿的衣服却湿了好大一片。最难的是给妈妈洗头了。妈妈什么也不懂，天天弄得很脏，小海萱就得经常给妈妈洗头。有时候她刚把水弄好盛到盆里，扭过脸去取毛巾，结果妈妈不是一抬手就把一盆水给弄翻泼到了地上，就是蹲下像小孩子一样玩起了水。每当这个时候，小海萱就像妈妈哄女儿一样，慢声细语地哄劝着妈妈，一点一点地帮妈妈揉搓头发。每次帮妈妈洗完头，小海萱都要被折腾得气喘吁吁。

为了学做饭，小海萱吃尽了苦头。由于家里太穷了，买不起煤球，因此做饭用的还是烧柴火的土灶。可是灶火常常会灭，刚开始小海萱掌握不好方法，每一次生火，都被呛得又是咳嗽，又是抹眼泪，浓烟弥漫整个厨房。对小海萱来说，火生着了，做饭也不是件容易事，从最开始的只会熬点稀米粥到现在炒菜、下面条，小海萱样样都会。她最拿手的是炒竹笋了。竹笋是她自己从山上采摘来的，剥去外边的老皮，切成段，在开水里焯一下，放点油，和红辣椒爆炒一下，味道特别鲜美，爸爸和妈妈都喜欢吃。可是当初为了学炒菜，小海萱的手上、胳膊上到处都是被烫伤的水泡。

一个人的时候，小海萱喜欢拿着妈妈的照片看，照片上的妈妈多好看啊！镇上的人都说妈妈年轻时是镇上最漂亮的姑娘。小海萱总是想："如果妈妈没有疯病，她一定会是个好妈妈，自己也和别的小朋友一样是妈妈手心里的宝。"可是这个念头一闪而过，小海萱知道，妈妈已经得病了，这是没有办法的事，虽说妈妈总给她和爸爸惹祸，但她毕竟是自己的妈妈，有了妈妈才是一个完整的家啊！所以小海萱一点也不嫌弃妈妈。

妈妈这么可怜，自己就做妈妈的妈妈去照顾她吧！于是，当同龄的孩子还只会在父母面前撒娇、享受万般宠爱的时候，小海萱却像一个小大人一样，事无巨细地照顾疯癫的妈妈。妈妈变成了少不更事的女儿，年幼的女儿却仿若无所不能的妈妈。一年又一年，陈海萱，湖南省邵阳市一个普通的农家小姑娘，就这样用自己柔弱的肩膀扛起了一个摇摇欲坠的家。

当记者用镜头如实记录下了小海萱一家人的生活并通过媒体报道后，引起了众多网友的关注，许多人唏嘘感叹，同情小海萱不幸的同时，更是被小姑娘的坚强、懂事所打动。许多爱心人士纷纷捐款资助这个贫困的家庭，还有人表示想要收养小海萱，给她提供更好的生活环境。可是小海萱舍不得自己的傻爸、疯妈，她说爸爸、妈妈也离不开她，只要爸爸、妈妈在，她就不和他们分开，她会一直像妈妈照顾女儿一样照顾妈妈。

生命，因为坚强而美丽，美丽则因为爱而永恒。左手傻爸右手疯妈，小海萱，犹如苦难中盛开的一枝倔强的花，绽放出别样的美丽。

裹在粽子里的亲情

　　端午节快到了，早些天的时候母亲就打来电话，问我们到时候回不回去。我告诉母亲，端午节是法定假日，肯定能回去。母亲听了，在电话那头掩饰不住欣喜，对父亲吆喝："老头子，闺女们都要回来呢！你快去给我们准备包粽子的材料吧！"

　　电话这头我也乐了："妈，离端午节还有几天呢，看把您急的。"

　　其实，我也早盼着端午节呢！往年我总是早早翻看日历，查看端午节那天是星期几，看看到时候是否需要请假。后来，国家调整了假期，端午节被确定为法定节假日，实在是令我开心，因为再也不用考虑请假的问题了。

　　盼着端午节，盼着节日这天能和父母在一起包包粽子、聊聊天。

　　虽说粽子作为一种传统小吃，如今早已经成为大家餐桌上普通的食物了，不说节日，就是平常，超市里的粽子也是应有尽有、琳琅满目。可是，不管那些粽子再怎么精美，我觉得也比不上母亲手包的粽子。

　　记得小时候，我们姊妹多，一溜尖五个孩子，要吃要穿要上学读书，印象中家里的日子总是过得紧巴巴的。可每年过端午节，母亲无论多么难，也要想办法给我们包几个粽子吃，那个时候看母亲包粽子是童年中一件极其幸福的事。包粽子通常是在端午节的前一个晚上，每次母亲刚把盛放着糯米和粽叶的瓷盆端出来，我们就迫不及待地围在了旁边。浸泡好的糯米白白胖胖，晶莹透亮，光看着就引得我们直流口水。母亲抓一把糯米放进粽叶里，动作娴熟地一捏一折一盖，再仔细用细线一圈圈缠绕绑紧，顷刻间，一个有棱有角、漂亮匀称的粽子就成型了。看着包好的粽子渐渐被堆成小山，灶房的炉火也已经烧得通红，我们姊妹几个就争着帮母亲把粽子放进铁锅里，然后就眼巴巴盯着，直到水咕嘟咕嘟地沸腾了，粽叶的清香扑鼻而来，整个屋子也顿时飘满了那诱人的香味。幼小的弟弟使劲吸溜着鼻子，一遍一遍地问："妈妈，粽子怎么还不熟呀？"母亲笑着说："别急，煮粽子得用小火慢慢熬，那样才更香。"姊妹几个围在铁锅旁迟迟不愿意去睡觉，生怕睡醒了，粽子就没了。不过，每年我都熬不到粽子揭锅就瞌睡了，第二天早上在一股浓浓的粽香中被母亲唤醒。那会儿受条件限制，母亲包的粽子里没有太多的馅料，就是简简单单的白米粽子，可是我们却觉得好吃极了。

后来，离开家参加工作，再结婚生子，为人妻为人母了，每年依然能吃到母亲包的粽子。多年来，母亲一直保留着端午节包粽子的习惯，总是提前把粽子包好，分成一份一份的，遇到我们工作忙了，回不去，她和父亲就挨个给我们送去。有时候我们心疼母亲，怕她这么年龄大了包粽子累着，于是劝她以后不要再包了，太麻烦，超市什么都有，买着很方便。可母亲总是说过节得有个过节的气氛，不包粽子吃，哪是过端午呀？况且超市里卖的粽子不新鲜，味道也不好。看看劝不动母亲，在洛阳的大姐就和我们姊妹几个商量，说端午节的时候大家能回家就尽量回家，回去了，就和母亲一起包粽子，免得她和父亲太辛苦。

　　于是，每到端午节，一大家子人聚在一起包粽子便是我们家最开心的事了。好在除了大姐离得稍微远一点，其他几个孩子离得都不远，只要工作上能抽得出身，基本上都能回去。

　　记得有一年的端午节恰好赶上星期六，我们姊妹几个拖家带口全回去了。那天天气晴朗，父亲把事先准备好的粽叶和馅料摆在了院子中间，我们就坐在院子里包起了粽子。好热闹的二姐提议我们姊妹几个来一场包粽子比赛，由母亲做裁判，看谁包的粽子又多又漂亮。大姐深得母亲真传，包出的粽子漂亮、匀称，特别是她包的斧头粽子外形丰满结实，看起来特别精神，可是大姐包的数量上比不过二姐。我呢，是姊妹中最笨的一个，往常母亲包粽子时我也只是打打下手，干个杂活，这会儿手脚忙乱的，半天也弄不好一个，好容易包成一个，还松松散散的不成样。母亲在旁边笑道："你们就别难为她了，还是让我来吧。"说着，母亲拿过了我手中的粽叶，只见她两手轻轻一合拢，手里的粽叶就形成了个漏斗样子，然后开始往里面灌糯米，放大枣、花生、葡萄干等馅料，接着用筷子在装满糯米的粽叶筒里轻轻插几下按实，再将多余的叶片反折回来盖住扎紧，一个精致的尖角粽子就包好了。母亲说，这种三角形的粽子讲究的是有棱有角，包扎紧实，这样放到锅里面煮才不会散，水也不会渗进去冲淡口感。弟媳妇年龄最小，之前一直不好意思下手，听了母亲的讲解，也来了兴趣，跃跃欲试，要母亲教她。

　　我们热热闹闹地包着粽子，父亲在一旁乐呵呵地照看着炉火。等我们包好收工了，父亲把包好的粽子放进盛满水的大铁锅里。他说煮粽子是很有讲究的，只有放在铁锅里，先用大火烧，而后用小火慢慢地焖，那样煮出来的粽子味道才最好。于是，添柴加水，父亲也不闲着。这时候，母亲戴上花镜，拿出平日里精心收集的裁剪衣服剩下的各种布块和五彩斑斓的丝线，一边和我们唠叨着琐碎家常事，一边为她的几个孙子、外孙们缝制香草袋。那些小狗、小牛、小老虎……一个个活泼可爱的小动物像变魔术似的，从她那双灵巧无比的手中显现出来，惟妙惟肖又香气袭人。那一刻，围坐在母亲身边，我们的小院里不时传来一阵阵笑声，笑声飘得很远很远……

有一次和一位朋友聊天，说起端午节和母亲一起包粽子的事，朋友深有感触，说他的父母都已经去世了，现在一直很怀念和父母在一起的日子，特别是逢年过节的时候，这种感觉会更加强烈。说着，他的眼圈红了，"如果时光能够倒流，我宁愿再多一点时间陪伴在父母身边……"

对于我们这些不能日日陪伴在父母身边的游子来说，粽子只是一种载体，真正让我们难以割舍的不是粽子，而是裹在粽子里的浓浓亲情。

藏在麦芽糖里的爱

一大早，尚在睡梦中的她被一阵急促的门铃声惊醒。打开门一看，原来是住在乡下的母亲。

她心下一惊，忙问母亲："家里出什么事了？"

看她着急的样子，母亲摇摇头，有点不好意思地说："你别急，家里没事。我做了一些麦芽糖，给你送来，待会儿我还得回去。"

她松了口气，这才注意到母亲手上提着一个袋子。母亲把袋子打开，小心翼翼地取出两个玻璃瓶，交代她："这一瓶你放到家里，这一瓶你拿到单位，每次喝水的时候舀一勺，冲水喝。"

"哎哟，妈，你说你大老远急匆匆跑来，就是为了给我送两瓶麦芽糖，值不值呀？"或许是因为被搅了美梦，又或许是刚刚受到的惊吓，她的语气中明显带了点不悦。

看她不高兴，母亲嗫嚅着，小声说道："那天打电话，听见你咳嗽，我说让你赶快吃点药，你说不想吃药，扛几天就好了。我知道你这孩子从小就不喜欢吃药，想着麦芽糖对咳嗽最有效了，你也喜欢吃，就赶紧做了些，给你送来……"

听完母亲的话，她愣了一下，没想到因为自己身体上的一点点小病和自己随口的一句话，年迈的母亲就带着辛辛苦苦做出来的麦芽糖，从几十公里外的乡下赶最早的班车来看望自己，可自己竟然觉得不耐烦……那一刻，她的内心里充满了自责。

与此同时，母亲的话也勾起了她许多的回忆。从小她体质就弱，三天两头感冒咳嗽，听医生说麦芽糖营养价值高，润肺止咳的效果也特别好，于是母亲就学会了做麦芽糖。印象中，麦芽糖做起来特别麻烦，工序相当复杂，要将小麦用水浸泡发芽，然后将麦芽晒干，细细碾碎，再与浸泡好的糯米一起发酵、熬煮，不仅费时而且费力。做好的麦芽糖晶莹透亮，香味四溢，用筷子卷起一圈，那香香黏黏的麦芽糖丝缠在一起，越拉越长，含在口中，一股清甜的麦芽香沁人心脾。小时候不懂事，为了能吃到麦芽糖，她甚至盼着自己生病，因为一咳嗽就会有麦芽糖吃。那时候，在她看来，麦芽糖简直是世界上最好的美味。

看她发呆，母亲局促不安地搓着双手，自言自语："好些年没做了，也不知道现在做出来的味道怎么样，还是不是你喜欢的味道？"

借着去茶几上取茶杯、勺子，她悄悄抹去眼角的泪水，温柔地回答母亲："当然是我喜欢的味道了！我老妈做的麦芽糖，那可是世界一流。"一边说着一边迫不及待地舀了一大勺就往嘴里塞，她嘴里含混不清地嘟囔："妈，你放心，吃了你的麦芽糖，我的咳嗽立马就好。"

看她馋嘴的样子，母亲开心地笑了。

算不清的亲情账

一则消息，说许多大学为了让学生深切理解父母的辛劳和养育之恩，给学生们布置了一份作业——与父母算一笔亲情账，算算从自己出生一直到读大学这些年的时间里，父母在自己身上花费了多少，主要包括教育费、医疗费、日常费用、培训费、娱乐费用等。不算不知道，一算吓一跳，据说从反馈的"账单"看到，九成以上的学生开销都在20万以上，过半学生达到30万……这道特殊的作业，让每个学生对父母的付出有了一个更直观的认识。很多学生直言，算完账单的那一刻他们深受震撼，没想到父母竟然为他们付出了那么多，从此以后很多同学的网络签名也纷纷换成了"沉重账单""顿悟"等字样……

要说这笔账，的确应该算！现在的孩子大多是独生子女，为了让他们生活无忧、学业有成，家长们自己省吃俭用，但在他们身上却毫不吝啬，不惜任何花费。然而，很多孩子们却不知道父母的艰辛，更体会不到父母的用心。有的孩子从小大手大脚，上了大学后，更管不住自己，比着买手机、电脑和高档服饰；有的孩子花高价到校外租房子、泡网吧、下饭馆，花父母的钱一点也不心疼；还有的孩子把父母当成银行的"取款机"，只有在没钱的时候才想起父母，仿佛向父母要钱天经地义。通过算"亲情账"，许多大学生从那些巨额的数字中，清晰、直观地看到了父母在自己身上的投入，也真正体会到了父母的不易。有的孩子当即给父母写信、打电话，表达内心的震动或愧疚；还有的算完账单后就瞒着父母找了兼职，利用业余时间打工赚取自己的生活费，以减轻父母的负担。

不过从另外一个角度说，父母对孩子的付出是无法用钱来衡量的，也是算不清的。在大学生们所交上来的作业中，也有许多空白的答卷，之所以空白，倒不是这些学生态度不认真，有意不去完成，而是他们有着另外一种感受，那种感受可能更深刻。一位学生哽咽着对老师说："感觉一辈子也无法完成这个作业，父母为我付出的太多太多，哪能算得清呢？"

是呀，父母在孩子身上倾注的情感、花费的精力，那种尽己所能把最好的都给孩子的无私付出，那种"慈母手中线，游子身上衣"的关爱甚至牺牲，怎么可能完全用金钱衡量得出呢？不管"亲情账单"中的"钱"算得多么精确，最多只能算清父母的物质付出，永远算不清父母的亲情付出。

这让我想起了一个小故事，大概意思是说，一位妈妈发现她的餐盘旁边放着一份账单，上面写着："母亲欠儿子彼得如下款项：取回生活用品20芬尼，把信件送往邮局10芬尼，在花园帮助大人干活20芬尼，他一直是个听话的好孩子10芬尼，共计60芬尼。"晚上，小彼得在他的餐盘旁边发现了他所索取的60芬尼报酬，同时也看到餐盘旁边放着一份母亲给他的账单。他把账单展开读了起来："彼得欠他的母亲如下款项：在她家里过的十年幸福生活0芬尼，他十年中的吃喝0芬尼，在他生病时的护理0芬尼，他一直有个慈爱的母亲0芬尼，共计0芬尼。"面对儿子幼稚的行为，聪明的母亲不动声色地给儿子上了一课，让他明白一个道理：亲情是无价的。

的确，亲情真的是一笔无法计算的账单，它是构成我们生命与生活的点点滴滴。"羊有跪乳之恩"，感恩是做人的起码修养。面对算不清的亲情账，我们能做的，便是珍惜与感恩。

父母的战争，孩子的伤痛

一大早就听到对门邻居家乒乒乓乓，大人的吵闹声、孩子的哭声夹杂其中。先生摇摇头，对我说："这小夫妻俩又闹腾开了。"我叹了口气："唉，他们闹他们的，就是可怜了小茜。"

我家对门住的是一对小夫妻，女的在一家商场卖化妆品，男的开出租车，他们有一个10岁的女儿。这夫妻俩总是吵架，两天一小吵，三天一大吵，还动不动就打起来了。起初我跟先生还过去劝劝，可劝了也没用，久而久之我们也就见怪不怪了。只是有点心疼那个小姑娘，她天天面对父母的战争，心里该有多难受啊！

记得有一次吃饭时，我无意中和先生提到对门两口子经常吵架的事，旁边的儿子说了一句话吓了我们一跳，他说和小茜在一起玩时，小茜曾经跟他说因为爸爸妈妈经常吵架，有时候她都想离家出走，甚至都不想活了。原来每次小茜的爸爸和妈妈一吵架，妈妈就开始在小茜面前诉说自己的委屈，说爸爸怎么怎么不好，唆使小茜和自己站在一边，不要去理睬爸爸。而爸爸又在她面前说妈妈的不是，弄得小茜也不知道该怎么办，左也不对，右也不对。

听了儿子的话，我有些担忧，没想到这孩子竟然有这想法。以后再见到小茜，我对她更多了些疼爱。可是，悲剧还是发生了。有一天，当小茜的爸爸妈妈又一次闹得不可开交的时候，小茜哭喊着说："你们别吵了，再吵我就从楼上跳下去了。"爸爸妈妈都在气头上，只当她在吓唬他们，谁也没在意。结果，小茜真从三楼阳台上跳了下去。幸好楼层不高，小茜跳下去的时候被一楼的遮阳棚挡了一下，但还是造成一条腿严重骨折，在医院躺了半年多时间。小茜的爸爸妈妈后悔莫及。

老百姓过日子，哪家没有个磕磕绊绊，可吵架斗气的时候，最好不要当着孩子的面。家庭氛围直接影响孩子认知、情绪、思维等品质的形成，如果家里经常硝烟弥漫，对孩子的身心发展非常不利，会使孩子产生恐惧和不安，从而造成心灵上的孤单和不安全感。同时，孩子正在形成处理矛盾的思维模式，倘若对吵架解决问题这种简单、粗暴的思维方式形成定式，那么就会潜移默化地影响他们未来解决问题的方式，也容易变得感情冷漠、对他人缺乏信任。

当然，人非圣贤，孰能无过，即使忍不住在孩子面前吵架，过后也一定要做好补救工作，缓解孩子的不安和恐惧。比如，在激烈的争吵后，一定要向孩子解释爸爸妈妈吵架的原因只是在一些事情上有分歧，并不影响对他的爱，让孩子懂得吵架是家庭生活中的一种沟通方式，并不是一场可怕的灾难。或者，待双方都平静下来，在孩子面前适当地秀秀恩爱，让孩子明白父母已经和好，以此来重塑孩子心目中父母的形象。

只有和谐的家庭环境，才能让孩子健康地成长。所以，为人父母，一定要学会理智，别让孩子成了自己吵架的牺牲品。

请你们慢一点老去

父亲突发脑溢血住进了医院，等我知道的时候已经是三四天以后了。哥说，幸好发现得及时，出血量也不大，病情已经得到了控制，没什么大碍，让我们不要担心。

放下电话，心里觉得慌慌的，眼泪也禁不住滚落下来。父亲的身体一向很好，怎么就病倒了呢？

爱人在旁边知道了电话的内容，早已经收拾妥当，做好了回家的准备。

离父母家并不太远，开车不过四十分钟的路程。因为心情不好，一路上我都懒得说话。看我紧张的样子，爱人安慰我："不要紧的，上了年纪的人很容易得这种病，只要治疗得及时，不会太严重。"然后他叹了口气接着说，"不过以后多注意了，千万不能再复发。我们有时间一定得多回去看看老人。"

我知道爱人的那声叹息里夹杂着遗憾。公公离开我们已将近5年了，他去世时刚刚60岁。虽然公公生病期间我们尽心尽力地照料、呵护，面对着那个铁一样的定局，我们也曾做出过最好的抵抗，可依然觉得许多事情还可以做得更好。也许真的是这样，每个人在不同的年龄阶段里所留意的事情各不同，年轻的时候，因为懒，因为曾沉湎于若干不切实际的梦想，也因为孩子小需要照顾，更重要的是基于那个年龄段所特有的错觉，总认为未来的日子还很长，一切都来得及，于是不知不觉间便忽略甚至遗漏了一些原本十分重要的东西。也就是最近这几年，随着孩子长大，自己也渐渐感觉体力、精力的衰减，才真正地体会到了时光对生命的蚕食，从而对亲情也才有了更多的眷恋。

记得有一次回家看望父母，恰好赶上村里有人去世，那是父亲的一个老伙计，我认识的，印象中他身材魁梧，很健壮。当时母亲很有些伤感地说："这人呀，上了年纪，说不定哪一天就被阎王爷收走了。"父亲也叹口气，说他的那些老伙计陆陆续续已经走了不少了。那一刻，我的心里第一次有了刺痛般的感觉。不过当时我心里觉得父母的身体都很好，只不过母亲的血压有点高，但她平常挺注意的；父亲也总说他几十年了也没去过医院、打过针，偶尔头疼感冒吃几片药就好了。以后的日子，我们回家看望父母的次数明显增多了，父母觉察出来之后就数落我们，说不用老牵挂着他们，他们没事，何况家里还有我哥哥和弟弟照顾着他们。

说到我哥哥和弟弟，还有二姐，我的心里充满了愧疚。怕耽误我和爱人工作，父亲在医院的那些天，都是他们几个轮换着在医院陪护，一直没告诉我。还是我给家里打电话的时候，小侄子不小心说漏了嘴，我才知道父亲住院的。

车到县城，我和爱人直接去了医院。病房里，父亲正在输液。见我们回来，父亲挣扎着要起来："你们跑回来干啥，我这不没事了嘛！"小弟按住他，"你又要动，医生不让你乱动的。"转身向我告状，"咱爸呀，刚好一点，就在医院里待不住了。姐，你好好说说他。"

父亲的脾气我是了解的，一辈子好强，从不愿意给别人造成负担，在医院里躺了这么几天，肯定躺不住了。我俯身给父亲盖好被子，佯装生气："都是你平常不注意，老说自己身体好，打个乒乓球也使那么大的劲，不想着自己已经是70岁的人了。这次你就安心地在医院待几天，听人家医生的。"

让小弟回家，我和爱人守在医院。中午，母亲来了，给父亲做了碗香喷喷的馄饨。我一边喂父亲吃饭，一边和母亲絮絮叨叨地拉一些闲话，那个时刻，于我，真是一种享受。我知道，这样的时刻是多么的珍贵，因为它会日渐稀少并逐渐失去，就像从湖泊里掬起的一捧水，注定要从指尖漏空。而我所能做的，只能是珍惜，再珍惜。

亲爱的爸爸妈妈，请你们慢些，再慢一些，请你们慢一些老去，好吗？

犹记那年雪飘时

立冬刚过，入冬的第一场雪不经意间便来了，大片大片的雪花随风飘舞着。

总是在这样下雪的日子，那漫天的雪花便会一点一点地濡湿我的记忆，唤起我的某种渴望和冲动……

那已经是好多年前的事了。只记得是在大学临近毕业的那一年，因为一份虚幻的感情受阻于父母，也因为年轻时所特有的叛逆心理，于是在面临分配时，便赌气似的放弃了回家乡的机会，自作主张来到了黄河渡口边的一所乡镇中学，全然没有顾及年迈的双亲是怎样的一种心痛。然而，当最初的负气消失之后，当那份虚幻的感情终于随风而去的时候，一种强烈的无助感紧紧地包围了我，我这才发现，那遥远的家对于自己是一个多么温馨的记忆呵！

也就是在那年冬天，一场突如其来的寒流袭击了我们这个小城，随之而来的是铺天盖地的一场大雪。一天晚上，我蜗居在学校简陋的办公室里，室外天寒地冻，室内我的身冷心也冷。听着收音机里潘美辰那忧伤的歌声"我想有个家，一个不需要太大的地方……"我欲哭无泪，来这里是自己的决定，能怪谁呢？办公室的门就在那时突然被

165

敲响，一位同事说有人找我，抬眼望去，父亲和母亲相互搀扶着，满身雪花，满眼牵挂地立在我的面前……

那晚，父母和我长谈到深夜。我才得知，母亲因为我的"壮举"曾经大病了一场，父亲也为此沉闷了好一段时间。天气突变，母亲怕我受冻，父亲也实在不放心小女儿独处异乡，他们就决定过来看我，带着大包小包的东西。因为下雪，路被封了，坐不了汽车，他们就改坐火车，然后又步行了十多里路，边走边问，终于在天黑时找到了我这里。我无法想象，在冰天雪地里，一对年逾六旬的老人是怎样相互搀扶着，深一脚，浅一脚，步履蹒跚地来看望他们那不懂事的小女儿，那是怎样的一种情景呀！望着父母花白的头发和满脸的皱纹，我的泪禁不住流了下来，俗话说"孝子不远行"，而我不仅没有承欢父母膝下，反而让父母牵肠挂肚，我开始为自己的不孝自责。

休息了一晚，第二天一早父母执意要回家，任凭我怎样挽留，他们也要冒雪回去，说是看到我他们就放心了，让我安心工作。父母走后的一段日子，我的心里总是觉得沉甸甸的，为自己的任性而后悔，也终于意识到普天下父母的爱，或隐或显，或出或没，无论哪一种方式，无论我们是否领悟得到，都是最无私、最真切的呀！

两年多以后，我离开了那所乡镇中学，也找到了一份真正属于自己的感情，有了一个温馨的家，然而，每逢下雪的日子，那段记忆便会随雪花飘然而至，时刻提醒我，要用心去感悟父母那浓稠深厚的爱。

第六篇
心若向暖，生活就是花开的模样

　　人生有起落，生活有悲喜，生命本是苦难，何不温暖过生活。以一颗向暖的心生活，就是懂得世间的灰暗和沉重，却依旧心怀悲悯，一颗向暖的心下，生活必是另一种模样！面对每一次失败，你若能把心放开，自然会有徐徐清风吹过心田，你的生活必定是花开的模样！

你想给谁点赞

　　"点赞"作为一种网络语言，已潜移默化地融入人们的生活。"过去一年你想给谁点赞？什么样的人、什么样的事值得你伸出大拇指？你有没有试着将这样的赞赏当面说出来？"那天，几个朋友聚会，饭桌上，大家就这个话题，你一言我一语，热闹非凡。

　　朋友兰敏是个急性子，不等别人说话，她就抢着说道："要说值得点赞的人或者事应该有很多，而我最想为我的哥哥点赞。"她说自己的哥哥因为一场意外失去了一条腿，新婚的妻子接受不了这个打击，离开了他。起初，她的哥哥曾一度陷入痛苦、消沉之中，整日里喝闷酒，家人担心他从此就这样颓废下去，对他进行百般劝慰和鼓励。渐渐地，她的哥哥终于走出阴霾，重新振作起来。现在，她的哥哥开了一个小商店。看着哥哥对生活又重新燃起了希望，家人发自内心地替他高兴，所以她要为哥哥的坚强点赞。

　　听了兰敏的话，大家纷纷点头。确实，面对挫折不低头，依然积极地生活，这样的男人，值得为他点赞。

　　"家有一老，胜似一宝。我要为我的老父亲点个赞。"说这话的是在座年龄最大的李姐。原来，李姐的父母感情非常好，几年前，李姐的母亲因病去世，她的父亲为此伤心过度，大病了一场。病愈后他也一直闷闷不乐，天天待在家里，几乎很少出门，时间长了，甚至有点癔症，有一次他烧水忘了关煤气灶，如果不是发现及时，后果不堪设想。李姐既要忙工作，又要抽出时间来照顾父亲，担心他再发生什么意外情况，她一个人跑来跑去，忙得焦头烂额。"现在好了，我这个老父亲也不知怎么的，忽然开了窍，想明白了，自己报名上了一个老年大学，跟一帮老头儿、老太太一起练书法、学画画，每天开开心心的，我一下子轻松不少，再也不用天天为他担心了。"

如今老龄化严重，懂得老有所乐的老人越来越少，像李姐父亲这样，既享受了晚年生活，又为子女减轻了负担，有什么理由不为他点赞呢？

梅子是个80后，刚刚结婚不久。大家都打趣她，新婚宴尔，她的老公肯定视她为手心里的宝，如果要点赞，她肯定赞她的老公。谁知梅子听了大家的话嘻嘻一笑，说道："嗨，还轮不着他呢！我要把这个赞给我的婆婆。"结婚前，梅子总是听身边的朋友说婆媳关系难处，她也担心自己处理不好婆媳关系，影响自己跟老公的感情，于是她执意要求老公，结婚之后和公公婆婆分开住。但令梅子没有想到的是，得知她怀孕的消息后，她的婆婆就主动要求过来照顾她。为了把她的饮食搭配得更合理。60多岁的老太太，大字不识几个，硬是戴着老花镜把一本孕妇食谱翻来覆去地研究。有的时候，忙碌了一天的老太太顾不得劳累，依然劲头十足地挽着梅子去楼下散步。梅子说："有婆婆在的日子，过得可真幸福。谁说婆媳关系不好处，这婆婆也是妈。"所以，她要为自己的婆婆点赞。

"你们怎么都在为别人点赞，就没有人想着给自己点赞吗？我就要为自己点赞！"在座的苏岩沉不住气了，着急地站了起来。苏岩是个

90后，在这群人中也是最小的一个。听了他的话，大家顿时一愣，对呀，为什么不能为自己点个赞呢？当然可以呀！就拿眼前这个大男孩苏岩来说，原本在小城有一份稳定的工作，为了追逐自己的梦想，他甘愿成为北漂一族，日子虽然过得艰辛，却一直在努力着。"我要为自己的努力点一个赞！"苏岩略显稚嫩的脸上泛起了红晕。

"为谁点赞"，每个人都有话要说。无论是点赞他人，还是点赞自己，这些发自内心的点赞，带给我们的是温暖，是善意，是满满的正能量。其实，点赞的过程就是用阳光的心挥洒温暖的过程。给别人一个点赞，送自己一片明媚；美丽他人，芬芳自己。这样的点赞，多多益善。

心中有爱眼中有美

我上下班的时候途经一个天桥，有个乞讨的大叔经常坐在天桥的中间向路过他身边的行人乞讨，我每次经过差不多都能看到他。起初我对他还有一些同情，身上有零钱的时候，我会在他面前的缸子里放一块钱进去。时间久了，我对他变得有些厌倦，再加上之前一些关于乞丐在家乡盖豪宅的报道，于是我内心开始讨厌这种有手有脚却天天靠乞讨为生的人。后来我再从他跟前经过时，总显出一副漠然的态度，只是，心里总感觉有些不舒服，到底为什么不舒服，我也说不清。

一天，我和一个朋友同行，走上天桥，经过那个乞讨的大叔面前时，我同往常一样抱着一种眼不见心不烦的想法，打算目不斜视快速通过。朋友却停下脚步，在钱包里搜寻了半天，找出一张零钞，放到了那个破旧的缸子里。缸子里，稀稀拉拉只有几张零钞。看起来，大多数路人和我一样。

我笑着问朋友："你怎么还相信这些人？你以为他们真的贫穷，需要我们的帮助？"

朋友瞪大眼睛反问我："他不需要帮助吗？你看，他衣衫褴褛，残着一条腿，多可怜啊！"

看朋友一脸天真的样子，我笑了，揶揄她："他可怜？你没听说过有些人就是靠着乞讨发家致富的？说不定人家比你富裕多了。"

朋友摇摇头，缓缓说道："也许，是有这样的人。可是，我更相信大多数的乞讨者都是实在没有办法才走上这条路的。何况，他们风吹雨淋的，也不容易。举手之劳，能帮他们一点儿就帮他们一点儿。何况，这样做了，我自己也会感到快乐。"

看着朋友脸上现出快乐的神情，我的心里猛然一震。我忽然明白了自己之前为什么会有不舒服的感觉。那种不舒服，其实是一种歉疚！当有能力去帮助别人却以一些冠冕堂皇的借口作为推辞时，自己的内心总是会感到不安。

有人说，信任别人的善良是自己善良的明证。那么，反过来说，怀疑别人的良善就是自己不够良善的明证。虽然这个社会中的确存在乞讨者不劳而获，专门利用别人的善良、博取别人的同情维持生计的情况，但并不是所有的乞讨者都这样，他们当中不乏有人真正需要我们伸出援助之手，我们又怎么能够以偏概全，以一己之念妄下断言呢？

佛家说"心魔即魔，心佛即佛"，意即具有魔的心灵你就将成为魔，拥有佛的心灵你就会成为佛。当我们心中有爱，我们看世界的眼睛便会纯净，便会感觉世界很温暖；而当我们心中无爱，看世界的眼睛便会有杂质，世界也会变丑恶。

幸福是碗酸汤面

爱人出差回来，还没进家门，就先打来电话，说想吃酸汤面，让我给他备一碗。

放下电话，我就进厨房为他准备酸汤面。其实，酸汤面的做法很简单，根本不需要特意的准备，一棵葱、一片生姜、一点儿调料、一把龙须面，足矣！

爱人喜欢吃酸汤面，认识他之后，原本不喜面食的我也爱上了酸汤面。

虽说已经过去好多年了，可我依然记得第一次吃酸汤面的情景。那是一个冬日，上了一天的课，再加上身体有点儿不舒服，我浑身没有力气，晚饭也懒得做。晚上他去看我，知道我没有食欲，就开玩笑说，他会做一种美味，保证我见了会食欲大开。当时我对他的话充满了怀疑，问他，就凭我屋里的那点儿东西，他能做出什么好东西来，骗人的吧！他却胸有成竹，说他看过了，没问题。于是，我不再说什么，由着他去。没多大工夫，我还真闻到了一股浓浓的香味，香气四溢，飘散在我的小屋里。

"什么东西？闻起来还挺香！"我问他。

"酸汤面呀！别光闻，吃起来才叫过瘾呢！来，尝尝看，味道怎么样？"他招呼我。

我凑过去一瞧，哟，好一碗精致的酸汤面啊！嫩嫩的细小葱花、几根绿绿的小青菜、星星点点的辣椒油与那又白又细的面条、隐约可见的椭圆形的荷包蛋组成了一幅红、白、绿相间的图画，看着便令人垂涎三尺，再深吸一口气，那葱花的香、生姜的香、油泼辣椒的香、酸酸的醋香全都融进了我的鼻中，并沁入心脾。我真的一下子有了食欲，三下五除二就把这碗酸汤面消灭光了。看我狼吞虎咽的样子，他满眼怜惜，"别急，喜欢吃，以后我天天给你做。"

说不出是被他的那碗酸汤面收买了，还是被他的那句话打动了，反正我很快就把自己嫁给了他。结婚以后，我们家隔三岔五就要做一次酸汤面。不过每次不再只是他来做了，我也被他调教得能做出味道不错的酸汤面。爱人对酸汤面上瘾，有时候大清早也要来上一碗，如果在外边有饭局，回到家后也必定嚷嚷着要我给他做，若是再喝点酒，那份猴急的样子，不知道的人还以为他嚷嚷着要什么美味呢！美味不美味的，反正我们俩都喜欢吃，也乐意做，简单呗！

其实我们做的酸汤面味道不算最好的，婆婆做的才叫地道呢！

爱人说他从小到大最喜欢吃婆婆做的酸汤面了，上初中那会儿，每天早上都要跑好几里地才能到学校，别的季节还好说，到了冬季，西北风呼呼地刮着，吹到身上直打哆嗦。婆婆为了让他暖暖和和地出门，每天早上天不亮就起来给他做酸汤面吃。昏黄的灯光下，婆婆把面擀好了，旁边灶火上的水也烧开了，婆婆这时候才叫他起床，等他洗完脸、刷完牙，收拾好，面也快好了。婆婆用笊篱把面捞出来，再浇上上好的油泼辣椒，来一点儿黄亮亮的米醋，一碗红红的、带着葱花香味的酸汤面就做好了，他在这边呼噜呼噜地吃着，婆婆那边就开始给他做第二碗了，婆婆总说酸汤面不顶饥，得多吃点。两碗酸汤面下肚，全身都热乎了。爱人说那个情景几乎已经定格在他的记忆中了，所以他对母亲做的酸汤面特别有感情。即使现在，每次回家，他最想吃的仍然是婆婆做的酸汤面。

其实，岂止他喜欢吃，即使我，吃了一次便也忘不了了。婆婆做的酸汤面，我认为最好吃的是面，酸汤倒是次要的。她擀出来的面条儿光滑细腻、韧性强，下锅后煮不烂，口感相当好。婆婆说，做面条儿看起来都是一样的，实际上里面的巧儿可多着呢！要想使面条有韧性，下锅不烂不断，就要做到"四匀"：一是和面时水和面要拌匀，尤其不要在开始揉面时加水过量，若一开始面团稀了再加面粉的话，面团容易离散，面条下锅容易糊汤；二是面团要揉匀，面团揉得均匀，擀出的面片儿就不会破；三是擀面片儿的力度要均匀，这样面片儿才光滑、厚薄一致；四是切条时宽窄要均匀，这样能增加面条的美感。另外，面团揉好后要放一会儿再开始擀；水完全煮沸后面条才入锅，这样不至于被温水泡软……我曾经想着要跟婆婆学会这手功夫，无奈天资愚笨，至今也擀不成样。于是，有婆婆在的日子，我们便可以吃到地道的酸汤手擀面，而大多数时候，我们的酸汤面依然是挂面。然而，即使是用挂面做出来的酸汤面，我和爱人依然吃得有滋有味。

平凡的日子里，一碗酸汤面便足以温暖我们的心。

没有玫瑰也浪漫

　　一年一度的情人节再一次带着几分魅惑渐渐来临，玫瑰、巧克力……各种情人节礼物早早被商家摆上了柜台，连空气中弥漫的也满是甜蜜的味道。

　　虽然天气寒冷，但丝毫阻挡不了年轻人的热情。单位里漂亮的小姑娘几天前就已经心神不定的，猜想着情人节那天男友会给自己怎样的惊喜。"玫瑰、巧克力当然是必不可少的了，还要有一顿烛光晚餐，然后嘛……总要有一些特别的吧，这可是我们过的第一个情人节啊！"小姑娘一脸认真，眼睛里满是幸福的憧憬。

　　看着她那满脸的幸福，我也被深深地感染着，在这个甜蜜温馨的日子里，想起自己曾经有过的渴望，在一刹那间，有些什么东西从我心中满溢出来。而我，只是微笑着，在心里感慨，真是年轻啊！

　　踏着岁月的悠歌一路走来，深谙了红尘世相，已慢慢明白生命中有着比玫瑰更重要的东西。我和爱人谈恋爱的时候，囊中羞涩，一个眼神，一个安慰，一次十指相扣，一个拥抱，便有整片整片的玫瑰盛开在心里。等到我们结了婚，日子琐碎平淡，曾经的梦想似乎更是遥不可及了。不承想却在某一天，当一大束火红的玫瑰花不期而至时，竟然有一种恍若梦中的感觉，有惊喜，更有甜蜜。只不过梦醒了，又有点心疼口袋里的那点银子，总觉得似乎没有一碗红烧肉来得更实在些。

　　记得有一年的情人节，爱人和儿子爷儿俩一唱一和要出去买玫瑰花被我一把拦住的时候，先生是一脸得意，和儿子挤眉弄眼："我说你妈一听我去买花肯定着急，你还不信，怎么样，这下知道了吧？"儿子噘着小嘴，摇晃着脑袋，很是无奈的样子，说我太不懂得浪漫了。看他那样子，我是又好气又好笑，"玫瑰花谁不喜欢，可是能顶饭吃？"说到吃饭，儿子来了兴趣，"老妈，既然玫瑰花不能顶饭吃，咱就把这买花的钱去饭店里吃一顿吧！"这倒是个不错的主意，我不反对。还没等我表态，爱人急了，"光出去吃饭有什么意思，咱们平时也经常出去吃，今天好歹是个节日，咱们得来点儿有意义的。"他回过头和我商量，"咱们出去走走路吧！平时上班、下班总是车来车去的，锻炼的时间太少，今天一块儿出去走走，先看看小城的风景，呼吸呼吸新鲜的空气，然后再去吃饭，不是更好吗？"我看着他，听他说，哪儿是商量呀，看他那副表情，八成是早就预谋好的。于是，我们一家三口换上各自的平底鞋或者运动鞋，来了个徒步逛小城。一路上边走边聊，那感觉还真不错。

　　都说"知妻莫若夫"，十几年的风风雨雨，还是爱人最了解我。如果说年轻的时候还有一些不切实际的幻想，那么到了中年，现在的我已经懂得脚踏实地了。曾经读到过这样一句话——爱情的最高境界，是经得起平淡的流年。初读时对它并不甚理解，随着年岁渐长，感悟则越来越深。爱情的呵护与浇灌需要浪漫，这浪漫可以是玫瑰，但更应该是一起牵手走过的每一个日子。一个关爱的眼神，一个会心的微笑，一句贴心的话语……无一不是爱的表达。玫瑰也许明天就会枯萎，而那一蔬一饭里的天长地久，一桌一椅里的朝朝暮暮，却永远是我们所无法割舍的。

爱，不是形式，是真诚；情，不在一时，在一世。有玫瑰的日子，是浪漫，是幸福；没有玫瑰的日子，是生活，也是幸福。

摇曳在夏日里的风情

夏天，是女人的季节。

当春天的步履才刚刚走远，女人们便迫不及待地换上了漂亮的裙子，迎着和风丽日，亮出自己的美丽，小城的大街小巷处处盛开了女人花。那些花儿或艳丽，或素淡，点缀在漂亮精致的太阳伞下，袅袅婷婷，有汩汩清凉的诗意流出，而满世界也妩媚绚烂起来。

喜欢穿裙子，也喜欢看穿裙子的女人，总以为在所有的服饰中，只有裙子最能体现女性婀娜的体态、柔媚的风情。无论青春是否依旧，无论容颜是否动人，每个年龄段的女人都能找到适合自己的那一款裙子，浪漫柔和的、轻盈飘逸的、色彩绚丽的、层叠缠绕的，种种流行元素，迎合的是时尚，展示出的或简洁大方，或活泼雅致，或青春靓丽，或高贵典雅，无论哪种，都是一种无可替代的气质，散发着不同的芬芳。穿上裙子的那一刻，女人总是最美的，她的脚步会变得更加轻盈，心情会变得更加柔和。

记得读中学时，琼瑶小说正风靡校园。那时候着白色上衣，配一袭及地长裙，是许多女孩子最喜欢的装束。当时班里有个叫雪云的女孩儿，她长得特别秀气，总是穿那种及地长裙，非常漂亮，不知吸引了多少追逐的目光。即使是现在，她成了一个中学生的妈妈了，依然喜欢穿裙子。有一次同学聚会，雪云穿了一件淡绿色的真丝连衣裙，合体的剪裁、飘逸的质地，恰到好处地展现出她纤细的腰肢，举手投足间皆有一种神韵。雪云说，她最喜欢夏天了，夏天是她的节日，有那么多漂亮的裙子可以穿。"女人，怎么着也得有几条漂亮的裙子吧！要不，我们不是枉为女人了吗？"她一脸认真的神态，把大家都逗乐了。

是啊，女人对于裙子，似乎天生就有一种迷恋。想想看，哪个女人的衣柜里会没有几条裙子呢？或许有些已经过时了，有些已经陈旧了，却依然舍不得丢弃，挂在衣柜里，每次看到，心里便会流淌出一些温暖的记忆，因为它们会提醒我们，在逝去的岁月里，我们也曾经有过如花般的容颜。那些漂亮的裙子，是女人一段段美好岁月的见证。一次，我和女友梅在一起聊起裙子的话题，她说她有很多条裙子，每条裙子她都能回想起最初拥有时的欣喜和快乐。漂亮的裙子，装点着世上所有灰姑娘的梦，也成为每个女人一生中最美丽的记忆。

我单位里有一个年轻的女同事，她平时极少穿裙子，总是牛仔裤、T恤衫，一副假小子的打扮。某一日我在街头跟她偶遇，她穿着一件蓝白碎花的吊带收腰裙，内搭白色的T恤衫，倚着身旁高大俊朗的男朋友，露出从未有的娇羞，那一刻，她真的很迷人。

美国的一位时装设计大师有一句名言："要感觉像个女人，请穿连衣裙。"不管裙子的色彩、质地、款式有着怎样的千变万化，唯一不变的是它那浓浓的女人味。

都说女人如花，还有哪一个季节，比这裙裾飞扬的夏日更能尽显女人的万般风情呢？

给婚姻的地板打打蜡

小薇打来电话时，我正在给家里的地板打蜡。小姑娘在电话里哭哭啼啼，说她和小杰过不下去了，这次无论如何要离婚。

原来，小薇的老公小杰想和几个同事出去喝酒，怕小薇不同意，便骗小薇说是公司加班。小薇闲着没事，去做美容，谁知碰到小杰一个部门的同事，无意中说到当天公司并不需要加班，小薇心里很不舒服，认为小杰欺骗了自己。

小薇愤愤不平："姐，你知道当时我多没面子，好像自己说了谎话让别人揭穿了一样。你说你想去喝酒就直说呗，干吗骗我啊？"

我接过小薇的话说："为啥骗你？只怕人家告诉你实话了，你不让去。"

小薇在电话那头抗议："你和我亲还是和他亲，怎么老向着他啊？不过，他要真说是和朋友出去喝酒，我还真不让他去。"

我笑了，嗔怪道："这不就对了。好好想想自己的问题，一个巴掌拍不响，你肯定也有不对的地方。别遇到点事就把离婚挂在嘴上。"

　　小薇是我一个闺密的表妹。当初找对象时，闺密再三嘱托我，让我好好给小薇物色一个脾气好的男孩，说她这个表妹在家里娇惯得很，再找一个脾气赖的，两人针尖对麦芒，肯定过不好。恰好有一个小伙子小杰经常到我所在的公司跑业务，时间久了，也比较熟悉，我看那孩子老实，各方面条件也不错，就介绍给了小薇。结果，我这个红娘还做成了。

　　结婚后，两人却是小吵不断，而且都是些鸡毛蒜皮的小事。小薇觉得小杰变了，曾经挺浪漫、挺体贴的他，如今变得情话还不及谎话的零头。小杰却觉得小薇变了，曾经挺温柔、挺懂事的她，如今怎么就那么不讲理，心眼比针眼还小。

　　公说公有理，婆说婆有理，为他们，可是费了我不少口舌。

　　放下电话，继续干我的家务。低头去看自己刚才的劳动成果，发现打过蜡的那一半，地板光洁如新，太阳光一照，跟镜子似的发亮，连以前不小心划的几条口子，不细看都看不出来呢。而没打理的那一半，不仅暗淡无光，那点点的污渍、划痕也特别刺眼，实在丑陋。

　　忽然我就由此联想到了婚姻。地板时间长了会磨损，需要保养、维护，婚姻又何尝不是呢？

　　一对恋人由热恋走入婚姻的殿堂，伴随着日复一日的琐碎生活，最初的新鲜感和激情慢慢消退，矛盾、分歧、种种烦恼和不如意便随之而来，这时如果不及时给婚姻的"地板"打点蜡，就真的不仅失去光泽，而且要伤到地板了，弄不好会满目疮痍，破损不堪。当婚姻的"地板"有了小的损伤时，最好的办法是及早发现，及早修补，多打打蜡，这样才会减轻划痕。

就像小薇和小杰的婚姻，如果平时两个人总是这样互相挑剔、指责对方，不从自身去改变，不注意平时的保养，只怕时间长了，原本美好的婚姻就像破损的地板一样，无法修复。

经常给你的婚姻上上光，打打蜡，这样，婚姻的地板才能一直光洁如新。

手工里的温暖

我新买了一件羊绒大衣，颜色、样式我都特别喜欢，唯一遗憾的是袖子有点长。穿了几次，总感觉不太方便，人也显得不够利索，于是我想找一个裁缝铺给修修。因为衣服做工、质地都不错，我怕被裁缝修坏了，反倒不能穿，便很慎重地四处打听。

小城里有几家做成衣的铺子，师傅做衣服的水平是一流的，但人家看不上这样的活，嫌修修剪剪的麻烦。没办法，我只好去找那些街边小店，这些小店不做成衣，平时只接一些剪裤边、修拉链之类的小活。不承想去了几个地方，也没找到合适的。有几个师傅起初都答应了，把衣服拿给他们，仔细看了看又拒绝了，说是太麻烦，没法做。因为收费太高的话有点不合情理，他们也张不开嘴；收费低了，他们又觉得做了不值。没办法，我只好把衣服又拿回了家。

过了几日，婆婆来了。和婆婆闲聊时说起这事，婆婆说她年轻时经常做衣服，于是让我把衣服拿给她看看。婆婆看了之后，笑着说："这种活说是小活，可比做一件衣服还费事，难怪没有人愿意接。"顿了顿，她又问我："不修是不是就不能穿了？"

我点点头："穿着不好看就不想穿了。"

婆婆拿起衣服，在我身上比画着，"俗话说衣不加寸，这稍微长那么一点儿，人就看着邋遢了。可这衣服真挺好看的，不穿太可惜了。要不，我试试。"

我乐了，"好啊，只是你眼睛还能看得见啊？"

"戴上花镜，慢慢弄，应该还可以。"

接下来的一个多星期，婆婆就戴着花镜，开始了这个烦琐的工程。说是工程一点儿也不夸张，本来我以为拆东西应该是很容易的，大不了拿个剪子一剪了之，其实压根不是那样的，光是拆那个锁好的扣眼，婆婆说就用了半天时间，两个袖口花费了两天时间才拆好。每天回到家里，第一件事就是听婆婆给我说"工程"的进度，进展顺利了，我和她一块乐；遇到问题了，婆媳俩就凑在一起琢磨，看怎样弄更好一些。她老人家心细，总害怕把衣服修坏了，我没法穿。家里没有缝纫机，所有的程序全都是婆婆手工完成，足足倒腾了两个星期，才终于完工。

还别说，婆婆的水平可真不一般，修好的衣服穿在身上特合适，细细密密的针脚匀称、齐整，压根看不出来是后期再加工过的。看我站在镜子前左照右照美滋滋的样子，婆婆也满心欢喜。后来再穿着这件衣服出去，当有人夸赞说衣服漂亮得体时，我总是很自豪地告诉对方，这件衣服原本并不合适，是经了婆婆的手才变漂亮的，并很显摆地让人家看婆婆的手艺。

一直以来，我总觉得手工的东西似乎能与人的某些感觉发生共鸣，带给人无与伦比的温情。对于这件衣服而言，因为有婆婆的心意在里面，因此我对它产生出一种独特的情感。其实，在我们这一代人的小时候，穿的衣服大都是由母亲一针一线缝制的，那个时候，春节时能穿上妈妈亲手做的新衣服，那种喜悦成为很多人心中温暖的记忆。虽然那些衣服的做工和样式无法和现在商场里的时装相比，但那可是地地道道的纯手工剪裁啊！"批量制作"的时代，手工制作越来越成为"奢侈"的代名词。

如今，会做衣服的女人越来越少了。我想，在那些夜深人静的灯下，为亲人缝点什么，那一份宁静，那一份安详，那一份满足，只有会做针线的女人才能享受得到。这一点，恐怕很多如我一样的女人是享受不到了。

爱情不能被量化

　　单位里的陈姐这几日让宝贝闺女给气得愁眉不展，逢人就叨叨现在的年轻人简直不可理喻。原来陈姐的闺女琪琪今年24岁了，正是找对象的年龄，小姑娘要模样有模样，要身材有身材，仗着自己各方面条件都不错，所以眼光比较高，找对象的时候特别挑剔。陈姐说："挑就挑吧，我也想自己姑娘能够找一个各方面都优秀的男孩。可是，现在这孩子好像着了魔，天天嘴上挂着个'10%先生'，什么身高要比她高10%，年龄要大她10%，薪水要高10%……还有什么饭量要盖过她10%，达不到这些要求，她一概不见。这不，前几天，有人给她介绍了一个男孩，我和她爸都觉得男方不错，可她嫌人家有两项不达标，硬是不见。"

　　听陈姐这样说，我明白了，原来又是这个"10%先生"惹的祸。

　　自从90后女孩胡辛束的系列漫画《我心中的10%先生》在网上走红以来，这个"10%先生"便成为许多女孩子心目中的完美先生，并以此作为自己的择偶标准。其实，胡辛束虽然描绘出了心目中的"10%先生"，但她清楚这只是她对未来的男朋友一个理想化的要求。当她的漫画引起了很多网友共鸣，并被捧为"继'经济适用男女'之后又一新择偶标准"时，她自己反倒坦言："如果我遇到对的人，也许他并不是'10%先生'，甚至一条也不达标，但我喜欢他，那么任何标准都会抛到一边。"可惜，有太多的女孩还是中了"10%先生"的毒，幻想着有朝一日找寻到自己的10%先生，并拥有一份100%的幸福生活。

其实，无论是之前的"经济适用男"还是现在的"10%先生"，种种标准只是人们将追寻幸福的道路尽量简化量化的尝试，而这些努力也正体现了爱情婚姻的无常，难有标准成规。这让我想起了前一段时间网上流传的最幸福婚姻公式："男女年龄相差3岁，身高相差12厘米，收入比为1.5∶1，和父母保持'一碗汤'的距离……"这组关于最幸福婚姻黄金比例的数据曾经引起众多网友的热议，很多相亲族表示很有道理，要按照这个标准来寻找另一半。也有人质疑，如果夫妻的年龄、收入、身高的差别不符合这个标准，难道就注定不幸福？网上一时众说纷纭，更有许多人现身说法，诉说自己符合条件的不幸和不符合条件的幸福。

在我看来，所有的标准都是纸老虎，只能够忽悠那些心智尚未成熟的人。爱情不可以被量化，幸福的婚姻也没有公式可循，"10%先生"并非幸福婚姻的代名词。相爱是一个浪漫而甜蜜的过程，从爱情的阶梯攀登、过渡到婚姻的殿堂，幸福的婚姻在于彼此用心、用情，是用汗水与智慧来浇筑而成的。

别着急，别苛求，踏实面对，真心相待，没准"不够标准"的幸福就在拐角处等着你。

心若向暖，时光会开花

　　那年冬季，因为工作和生活上的不如意，我的心情异常沮丧。

　　母亲得知后，从老家赶了过来。

　　一天下班回到家，我突然发现阳台上多了一盆海棠花。问母亲才知道，小区里有人搬家，丢弃了几株长势不太好的花，她看这株海棠花还有救，就捡了回来。原本心情就不好，看着海棠枯枝败叶的样子，我的火气一下子上来了，冲着母亲喊道："别人丢掉的垃圾，你捡回来干什么？"看我生气，母亲像个做错了事的小孩子，小声嗫嚅："它的根还活着呢！会开花的。"

　　接下来的日子，只要有时间，母亲就精心地侍弄那盆海棠，浇水、施肥、剪枝修叶。小区里楼房密集，加之阳台在阴面，只有卧室里偶尔能见到点阳光，母亲就不厌其烦地把它搬来搬去——有太阳的时候，就从阳台搬到卧室；太阳下山了，就又搬回阳台通风。看母亲为它忙忙碌碌的，我总说她是白费工夫。没想到过了一段时间，那株海棠竟然真的发出了新芽，看着那褐色的茸头，母亲长长地舒了口气，对它的照顾更加精心了。

　　年底，母亲要回老家，临走时，她不放心那盆海棠，再三叮嘱我别忘记给它浇水、晒太阳。其实那个时候，海棠已经彻底活了过来，原本干枯的枝茎慢慢泛绿，新长出了许多叶子。因为母亲的嘱托，向来不喜欢养花的我开始对那盆海棠多了一些关注。渐渐地，我发现了一个奇怪的现象，海棠花的枝叶特别容易长歪，隔几天就得把花盆转动转动，否则枝叶总是朝着太阳的那一面歪。

给母亲打电话的时候，我会在电话中抱怨照看海棠真的是件麻烦事，母亲听了只是笑着说："傻孩子，并不是只有向日葵喜欢随着太阳转动，其实所有的花儿都是向阳的，只有向着阳光生长，它们才能收集温暖、储存温暖，也才能长得更旺盛呀！"

"只有向着阳光生长，才能长得更旺盛。"母亲的话让我若有所思。

第二年春天，海棠竟然开花了，胭脂色的小花开得密密匝匝，一朵挨着一朵，紧紧地簇拥在一起，活泼泼的，一派生机。我赶紧打电话告诉母亲海棠开花了，电话那头的母亲听后欣喜万分："开花了？真的开花了！太好了！我就说嘛，只要有根，只要有阳光，就不愁它活不下来。孩子，花和人是一样的啊！"说着说着，母亲的声音竟然有点哽咽。

放下电话，我的眼睛湿润了，其实，我何尝不知道母亲的心思呢。不过此时此刻，我又有了一种新的感悟：这个世界的笑与哭，冷与暖，全由自己的心主宰，只要还有着一颗向阳的心，生命就一定不会枯萎。花如此，人也如此。

想起小区门口那个修鞋的老人，他大概50多岁，听人说他原本有一个幸福的家庭，30岁那年一场意外让他失去了一条腿，祸不单行的是，不久后他的妻子也因为一场重病去世，留下一个7岁的女儿和他相依为命。但他并没有向残酷的现实妥协，摆起了这个修鞋的摊位，每天坐在轮椅上，守着一架织补机和一个装满了橡胶皮、小钉子、小铁锤等零碎物件的木头盒子，靠自己的双手帮人修鞋。不用说，这么多年他的日子一定过得很艰难，可是他性格特别好，每天都是乐呵呵的。手头没有活的时候，他喜欢拉二胡，虽然琴声算不上悠扬，然而他专注、陶醉的神情总是特别打动人。有人问他："日子这么苦，怎么还有闲情拉二胡？"他笑着回答："就是因为日子苦，才要给自己找点乐趣，让心里暖和一些呀。"就是凭着这种乐观的心态，他独自带大了女儿。如今，他的女儿已经成家并有了身孕，他就等着抱外孙呢！说到就要抱外孙了，老人满脸的皱纹顿时舒展开来，乐成一朵花。

　　人生有起有落，生活有悲有喜，生命本是苦难，何不温暖过生活。因为，心若向暖，生活必定是花开的模样！

慈善，是我最大的梦想

2013年年末的时候，一条新闻曾引起许多人的关注，81岁的老太太徐凤英卖掉自己在北京的房产，自己却住在敬老院，而且截止到2013年年底，她曾先后拿出近70万元捐给家乡的慈善事业。此事经网络、报纸等媒体传播、报道后，老人被网友们亲切地尊称为"中国好奶奶""最美慈善老人"。

在房价越来越高的今天，能够在北京拥有一套自己的房子，终老其生，对于许多人来说，那是梦寐以求的。徐凤英的举动，在受到许多人赞美的同时，也有人感到不解，"老太太疯了吧，把自己的房子卖掉住到敬老院？"更有人猜测说："老人是不是有什么伤心事？是不是她的孩子们不孝啊？"

无论是赞美还是质疑，徐凤英都坦然视之。没有人知道，这一切背后，饱含着她对家乡浓浓的深情和儿女们对她深深的理解。

1932年2月，徐凤英出生在河南省安阳市内黄县一个贫苦的家庭。年幼时的徐凤英乖巧、懂事，小小年纪就知道家里日子的艰辛，于是总帮着父母干一些割猪草、喂鸡等力所能及的活。村里有一个小学堂，每次从那儿经过，听到从里边传出来的朗朗读书声，小凤英便想，自己要是也能去读书该多好啊！可是家里那么穷，哪里有钱付学费啊！没事的时候，小凤英喜欢趴在教室的窗口，看里边的孩子们上课，他们读"有朋友自远方来，不亦说乎""人之初，性本善"，她也小声地跟着读。

一次，她听得太专心，老师从教室里出来了她竟然没有感觉到。老师看到她，问："你是谁家的孩子，怎么在这儿？"小凤英吓得转身要跑，却被老师给拦住了。起初她很紧张，不管老师问什么，她只会点头、摇头。后来看老师挺和蔼的，小凤英便仰起小脸说："老师，我也想读书，我会背好多东西呢！"说着，小凤英把自己断断续续记住的东西背给老师听，老师看她这么好学，又这么聪明，几次三番去做小凤英家人的工作。小凤英心里也知道，不是父母狠心不送她去学校，实在是家里没那个能力供她读书。后来，在老师和几个好心乡亲的资助下，小凤英终于实现了读书的梦想。这件事在小凤英心里留下了很深的印象，她从心底里感谢那些帮助她的人，如果没有他们的资助，她一个穷人家的孩子，怎么能有机会坐在教室里读书认字呢？善良的种子自此播种在了小凤英的心里，让她在以后的时间里也能尽自己的力量去帮助别人，多做慈善的事情。

读书识字之后，徐凤英懂得的道理越来越多。1948年，16岁的徐凤英在家人的期望下走上了革命道路，先是在山东阳谷县参加革命工作，后来又落脚到北京从事会计工作。直到1987年，徐凤英才离休。忙忙碌碌近40年，猛然一闲下来，刚开始徐凤英还真不适应。有一次，家乡的一位远房亲戚来北京看她，闲聊中说起家乡这些年变化特别大，邀请她有时间的话一定要回去看看。亲戚的话一下子勾起了徐凤英的记忆，许多遥远的画面浮现在她的眼前。尽管从家乡已经走出来几十年了，平时也很少回去，但在她的心底，故乡的山、故乡的水、故乡的人依然令她深深地牵挂：每当在报纸、杂志上读到故乡的名字，她都会情不自禁地特别予以关注；每当听到熟悉的乡音，她也会感到格外亲切。

故土难忘，乡情难舍，离开故土越久，这种怀念就越发深沉，尤其是对于像徐凤英这样"少小离家老大回，乡音无改鬓毛衰"的游子来说，更是如此。亲戚离开没多久，徐凤英便动身回了一次老家，看到家乡日新月异的发展、变化，她由衷地感到喜悦。可另一方面她也了解到稍微偏远的地方发展还比较缓慢，尤其是看到一些小山村日益破损的房屋、杂草丛生的街道、荒芜的田地，徐凤英的心中开始变得很不平静。人和树木花草一样，都有着生命的根脉，这根脉就是生养自己的故土。经过长时间的思索，她决定搬回家乡居住，她打算在自己的有生之年，亲历、关注家乡的发展，尽自己最大的能力多为家乡做点事。

徐凤英的决定得到了孩子们的极大理解和支持。老人有三个儿子，他们都有稳定的工作，生活上也不需要徐凤英替他们操心，他们从小耳濡目染，如今非常能够体谅母亲对于家乡的那份深情。于是，2004年，徐凤英离开了繁华的北京，回到濮阳生活。为了不给家乡增添麻烦，她住进了中原油田的昆吾园敬托院。

在家乡居住的几年时间里，徐凤英坚持不懈地为父老乡亲解难事、做好事、办实事，倾力而为，不求回报。2013年，当得知家乡内黄一所小学条件不太好，教室经常漏雨，需要搬迁时，徐凤英毅然决然地卖掉了自己在北京的房子，拿出38万元用于学校建设。之后，徐凤英又想到濮阳那些需要帮助的贫困孩子，于是又向市慈善总会捐款30万元。

近70万元对于一个80多岁的老人来说不亚于天文数字，当大家得知这些钱竟然是徐凤英卖掉自己的房子换来的，无不深受震撼，一经报道，更是引发了众多网友的关注和热议。

网友"话说洛阳"说："善良老奶奶大爱无疆。"

网友"双鱼娜娜"说："慈善奶奶，替贫困的孩子谢谢你，希望你的善举能够带动更多的慈善义举。"

......

面对这些赞誉，徐凤英老人是这样回答的："家乡是我的向往和牵挂，能为家乡的慈善事业尽一份力量，是我一生的追求和梦想。"

你需要的不只是同情

起初，我只顾着专心照顾正在输液的儿子，并没有注意到旁边的那个孩子。

正值春季儿童感冒高发期，医院的儿科病房里挤满了输液的小患者和他们的家长，就连走廊上设置的简易座椅也几乎没有空位了，两边的过道也挂满了输液瓶。孩子的哭闹声、家长的哄劝安慰声交织在一起，谁也无暇注意别人家的孩子。

"我不是告诉你这个座位上有人吗，你怎么还站在这儿？"一声刺耳的女高音把许多人的视线吸引了过去。

循着声音望去，只见一个年轻时髦的女子正怒气冲冲地对她面前的中年妇女发火。中年妇女一手拉着个孩子，一手高举着输液瓶，满脸赔笑，嗫嚅着："实在没有空位了，就让孩子在这儿坐一会儿！"原来，年轻女子带着一个四五岁的小女孩在输液，母女俩各占了一个座位，她们旁边的一个座位上放着一个手提袋。

"妈妈，就让那个小哥哥坐到这儿吧！我不怕！"小女孩拉拉年轻女子的衣角，小声请求。

看大家的目光都在注视着自己，年轻女子有点儿不好意思，很不情愿地把手提袋拿了起来。

也许是刚刚受了惊吓，中年妇女手中拉着的孩子满脸惊恐，紧靠在她身上，嘴里哇啦哇啦地不肯坐到座位上。这时候，我才注意到那个孩子，看他的表情，我便猜测他的智力可能有点问题。

和我一样静静地看着这一切的儿子似乎也发现了，但他有点不太确定，用询问的眼光看看我，我冲着他点点头。儿子恍然，我亦恍然，难怪那年轻女子不愿意让出座位，她是不想让自己的孩子和这样的智障儿坐得太近。

"让他坐在那儿又能怎么样呢？"儿子小声嘀咕着，"有什么可怕的？"

是呀，有什么可怕的呢？

这些孩子和他们的亲人本就不幸，对他们而言，没有比歧视和排斥更让他们绝望的了。

记得曾经看过一个访谈节目，记者采访一位智障女童的母亲，那位母亲说孩子出生42天时就被诊断为重度智障，7岁的时候只能说简单的字词，连不成句，生活也不能自理，甚至连冷热都分不清楚，不管什么水她都伸进去用手搅和，只知道玩，手被热水烫得起了大泡也不知道。看孩子这么可怜，做母亲的除了心疼就只能尽最大努力照顾好她，其中的艰辛和痛苦真是难以言说，可是，最令这位母亲痛心的是来自别人异样的目光，她流着泪说："我不敢带孩子上街……"

人来到世界上，本没有高低贵贱之分。只是由于身体、智力上的某些缺陷、障碍，才让这些残障人和他们的亲人置于生活的尴尬境地，挣扎在痛苦的边缘。他们不仅需要关爱、援助和扶持，更需要人格上的尊重，一个淡淡的微笑，一声关心的问候，足以让他们感受到温暖，从而有坚强生活下去的勇气。

第七篇
拯救，不让它在我们眼前远去

人们心中割舍不下的依恋，其实是对过去某种生活方式、生活理念的怀念。当科技、机器使得越来越多的城市变得面目相似的时候，保护一段历史和一段记忆，就留住了世间的一份独特与唯一。

为一人而开的火车站

　　原田华奈和妈妈贞子居住在北海道北部的一个小镇上。原田华奈是一个高中生，每天都要坐火车去县城上学。早上，她在离家不远的旧白泷车站搭乘石北线列车上学，下午放学后，再搭乘返程列车到旧白泷站下车回家。由于旧白泷站地处偏僻，乘客很少，车站显得冷冷清清的，而且一天也只有这一趟列车往返一次。好在旧白泷站距离原田华奈家也就几分钟的路程，乘坐火车上学对她来说倒也十分方便。

　　可是去年冬天的一个傍晚，原田华奈放学回家告诉妈妈，她在车站看到铁路公司贴出的告示，说旧白泷站就要被废弃了，以后唯一的这趟列车将不再在这里停靠。

　　这个消息让贞子一家犯了难。之前贞子就很清楚，当地居民少，平时坐火车的人也不多，可是她从来没想过车站会被废弃。废弃旧白泷站，就意味着原田华奈每天得到距离6公里远的白泷站去坐车上学，不仅不方便，而且即便能搭上那趟车，也赶不上第一堂课。

　　"真希望这个消息不是真的。如果铁路公司能延迟两年再废弃这个车站就好了，那时候你就高中毕业了。"贞子喃喃自语。

　　看妈妈发愁，原田华奈灵机一动，向妈妈提议："妈妈，我们可以去请求铁路公司延迟废弃这个车站呀！"

这样行吗？铁路公司会接受这个请求吗？抱着试试看的态度，贞子给北海道旅客铁路公司写了一封信，把原田华奈上学必须要乘坐这趟列车的情况向铁路公司作了说明，请求铁路公司暂时不要取消旧白泷站。

令贞子意想不到的是，几天后铁路公司的工作人员上门找到她，说相关情况他们已经了解了，并且已经取消废弃旧白泷站的计划，车站会坚持运营直到原田华奈高中毕业。

原来，由于人口锐减，许多人口稀疏的地区乘坐火车的人越来越少，铁路的使用率逐渐降低，于是铁路公司便出台了一项政策，逐步减少这些地区的列车班次，甚至陆续关停像旧白泷站这种情况的车站。不过铁路公司对这一政策还有一个补充说明，即如果这个车站一天内有不少于两个人在使用或者有高中生有通勤需求，那么就可以暂时保留。因此，当了解到原田华奈的情况后，北海道铁路公司决定继续保留旧白泷站，直到原田华奈高中毕业。

就这样，这个原本打算关闭的旧白泷站因为一个高中生而保留了下来。因为每天只有原田华奈一个人在这个车站乘车，列车员对她就像老朋友一样熟悉。如果哪天由于天气的原因火车晚点，原田华奈就会提前收到列车员的通知；如果哪天原田华奈生病无法去上学，她也会提前告诉列车员。不过大多数时候，原田华奈都会早早地守候在站台上，静静地等待来自远方的列车——那趟专为她而停留的列车。

一个车站仅仅因为一个学生要乘坐而不计亏损坚持运营，这件事被媒体报道后，引起了广泛赞誉，许多网友评论说一人一站体现的是一种人文关怀、一种担当精神。的确，"一个人的车站"之所以能感动众人的心，最主要的原因就是这家铁路公司从"人性化"角度衡量，保障消费者的绝对利益。对于企业来说，追求利润无可厚非，但是，如果每一个企业能够从消费者的角度出发，多一些人性化的考虑，多一些对社会责任感的担当，也许，我们身边感动的暖心事就会随处可见，"一人一站"也就不足为奇了。

田代岛上人猫情

吃过晚饭，70多岁的松岛裕子同往常一样穿上外套，准备出去。虽然年龄越来越大，记忆力越来越不好，但老人每次出门都不会忘记带上早已经准备好的一个袋子。提着袋子，老人一路蹒跚来到村中心的一个广场上。跟约定好了似的，老人刚在一个石凳上坐下，不知道从哪些地方钻出来几只猫，"喵喵"地叫着跑到了她的脚前。老人打开袋子，一边往外拿着各种吃食，一边爱怜地说："别着急，都有，都有。"

"松岛太太，您来得真早啊！"老邻居吉山也提着一大袋子吃食走了过来。

"哦，是吉山啊，你也来了，坐这儿吧！"裕子拍拍身边的石凳示意吉山坐下。

两位老人边聊天边给脚边的几只猫喂食。离他们不远的地方，随处可见成群结队的猫优哉游哉地溜达着。

原来，这里就是距离东京300多公里的宫城县石卷市的田代岛——传说中的猫岛。在这个不足70个居民的小岛上，散布着数百只猫。岛上的居民与这些猫就像家人一样朝夕相处，尽管各家各户都会喂养这些猫，但它们并不聚集在某户人家，而是在岛上自由自在地流浪，每一只猫都生活得十分惬意，不用担心忍饥挨饿。因为所有的居民都像松岛裕子、吉山这两位老人那样，每天都会带一些食物给它们，而且这么多年来大家都已经养成了这个习惯。

田代岛上流传着这样一个故事。很久以前，田代岛上的居民以捕鱼为生，虽然每天风里来浪里去，辛辛苦苦，却只能捕到很少的鱼，家家户户的日子过得非常艰难。有一天，一个渔民出海打鱼，发现岸边躺着一只奄奄一息的流浪猫，于是善心的渔民就把这只猫带回家悉心照顾，没想到从此之后这个渔民竟然连年打鱼获得丰收。

也就是从那时候起，小岛上的居民开始善待每一只猫。在他们看来，猫是一种神秘的、有灵性的物种，并将它们视为吉祥物，不仅在神舍里供奉猫，甚至把自己的房子也建造成猫的模样。为了保护这些猫，岛上的家家户户都不养狗，也不允许岛外的狗进入岛内。每次捕鱼归来，渔民们都要把最新鲜的鱼分一些给岛上的猫。田代岛上的猫就这样在岛上休养生息，繁殖下来，而且数量越来越多。

2006年，有一名记者偶然来到了田代岛，发现了这些自由自在、生活安逸的流浪猫，他便以纪录片的形式拍下了猫与人和谐相处的情景。纪录片播出后，引起了广泛关注，田代岛因此被称为"猫岛"，许多人慕名前往，由此带动了当地的旅游业。

猫给小岛带来的不仅仅是经济的好转、生活水平的提高。2011年3月11日这天，日本东北部地区发生9级地震并引发海啸，无情的灾难吞噬掉了许多人的生命，但是几乎处于震中的田代岛只有一人丧生，这在所有遭受了海啸袭击的岛屿中堪称奇迹。据说地震发生的当天，岛上的居民发现平时悠闲的猫咪们与往日不同，显得焦躁不安，并成群结队往岛上最高处集合。人们预感到将会发生不测，于是也开始学猫往高的地方转移。有一户独居的老奶奶被聚到门口的猫吵醒，才开始去山上避难。

地震过后，田代岛航线刚刚恢复通航，就有一批猫岛迷们带着大量生活物资和医药品登上了田代岛。到了岛上，这些猫岛迷们发现，因为海啸，岛上赖以生存的船只和用具全被大海卷走，而岛上的居民大多是老人，根本没有自救能力。为了拯救猫岛，他们发起了一个"帮助猫岛重生"的募捐活动，以帮助岛上的渔民们购置渔船、渔网、养殖设备，尽快恢复渔业生产。短短三个月，他们就募集完成了一亿五千万日元。因为这些猫咪们，田代岛又一次得到拯救。

地震之后的田代岛不仅慢慢恢复了往常的生气，也迎来了更多爱猫、爱岛的游客。爱，拯救了猫咪们，也拯救了田代岛。

想想，自然界是多么奇妙，面对弱小的生灵，人类心存怜悯、呵护，他们不会想到，在某一天当意外不期而至时，竟然是这些弱小的生灵拯救了他们。如此说来，爱真的是相互的，你的一言一行，动物们都能感受到，关爱它们，它们也会爱你！

"吵"出来的美国宪法

1787年7月8日，美国费城的气温高达35摄氏度。连续几天的高温，热了天气，也火了人们的脾气。可是，不管天气再怎么热，人们的脾气再怎么火暴，在独立宫的两层红砖小楼内，那场影响了美国历史的制宪会议依然在一如既往地进行着。尽管这一天，来自12个州的各路精英们比往日吵得更加热火朝天。

之所以各不相让，吵得不亦乐乎，实在是因为这一天的议题——关于国会议员的席位分配问题——太重要了。各州的代表心里都很清楚，议员席位的多少直接影响着本邦权利的多寡。因此，每个人都想尽量为本邦争取到更多的名额，围绕如何分配议员的席位、各自占有多大的比例，几十个美国绅士展开了一场场激烈的辩论。

来自弗吉尼亚州的麦迪逊率先提出一个方案，认为议员席位应根据各邦财产或人数来分配。这个方案一经提出就遭到来自新泽西州的佩特森的反对，他表示各邦应有同等代表名额，不应有大小邦之分。

威尔逊同意麦迪逊的方案，认为如果邦不分大小，代表权一样，那么对于大邦是不公平的。而来自康涅狄格州的艾尔沃斯则认为，小州本身就处于弱势，应该有抵制大邦的权利。麦迪逊反唇相讥，说康涅狄格州在战时曾经拒绝邦联的请款，现在有何脸面这样要求？这句话惹恼了一直没有发言的贝德福德，同为小州，他深知小州的不易，于是激动地质问，大邦口口声声说不会欺侮小邦，又为什么要翻旧账？并扬言说，如果被逼急了，小邦会弃权离场。

小邦害怕被大邦吞并，大邦不愿失去原有的利益，双方互不相让，唇枪舌剑，场面几乎闹僵。这时候，81高龄的富兰克林慢吞吞地开口说道："要不然我们每天开会之前先请一个牧师带领我们祈祷，请求上帝来帮忙？"他的这句话逗笑了在场的所有人，现场的气氛暂时有所缓解。

但是争论并没有停止，一场场唇枪舌剑，一轮轮胶着僵持，谁也说服不了谁，每个人都理直气壮，振振有词，却又针锋相对。直到一个星期以后，康涅狄格州的谢尔曼代表中等邦提出了一个妥协方案：建议立法机构由两院组成，众议院按人口比例分配席位，参议院每邦席位平等。这个方案看起来不偏不倚，也得到了许多代表的点头称赞。

问题却没有真正解决。7月15日的会议上，前一天已经举手表示同意的特里奇法官又提出反对意见，他说自己还是认为大邦纳税多、财政贡献大，不能和小邦一视同仁。为了说服大家同意自己的反悔理由，特里奇开了个玩笑："昨天的点赞，是在梦境中，因为那会儿我被上帝召见了。可是，睡了一晚上，我又清醒了。"

虽然是玩笑话，但参加会议的每个代表都明白，在特定的情境和气场中，一时的冲动的确会造成认识上的误区。表面上看，特里奇这样刚刚点赞又来点踩的做法似乎显得过于儿戏，其实，只有这样反复斟酌推敲，不断肯定否定，才能够最大化地达成完美。

怎么办呢？继续讨论呗！于是，新一轮的碰撞、辩论又重新开场。

以上只是1787年美国制宪会议讨论一个条文时的缩影。

事实上，127天的制宪会议的确开得相当艰难，会议过程始终充满了唇枪舌剑，更有类似于特里奇那样前脚刚刚同意，后脚又反悔的现象不断出现。然而，正是由于参加会议的每个代表都秉承着这种神圣的、精益求精的理念，才完成了一部完整而经得起任何推敲的宪法草案。

200多年来，世界发生了天翻地覆的变化，可是除了新增20多项修正案，对一些具体规定作出解释、补充和变更外，这部"吵"出来的宪法的整体结构、立法原本却几乎一字未动。这是人类文明史上的一个奇迹，而这个奇迹的诞生，是思维碰撞的结果，更是不断肯定、否定的结果。

牛津大学的坚守

作为一所世界顶级的一流大学，牛津大学不仅有着900年的悠久历史，更因为培育出无数名人而享誉世界。然而，这样一所大学却非常低调，很少大肆宣扬自己的这些成就，甚至从未举办过一次像样的校庆。

一位女记者曾经就这个问题采访了时任校长的安德鲁·汉密尔顿，没想到汉密尔顿竟然这样回答女记者的疑问："不宣传、不举办校庆，是因为我们没有什么可炫耀的啊！"

漂亮的女记者愣了，随即笑着说："校长先生可真会开玩笑，贵校曾经培育出7个国家的11位国王、6位英国国王、53位总统和首相，影响遍及世界，怎么能说没有什么可炫耀的呢？"

看到记者有板有眼地拿出这一大堆数字，汉密尔顿故意装出一副吃惊的样子，反问她："是吗？我们的校史中有这些记载吗？"

记者摇摇头，老老实实地回答："没有，从你们的官方资料中还真找不到这些宣传。可是，这些都是事实啊！你们的首相格莱斯顿、艾德礼、撒切尔夫人和布莱尔不就是从这儿毕业的吗？还有美国前总统克林顿，不也是贵校的校友吗？"

汉密尔顿点点头，"哦，对呀，他们还真是我们的校友呢！可是，这和我们有什么关系呢？"

"当然有关系啊！这些官员和政要可都是翻云覆雨的大人物，他们可以为学校带来名誉和更多的利益呀！"记者脱口而出。

闻听此言，汉密尔顿摇摇头，说道："为我们学校带来名誉的可不仅仅是这些官员、政要，还有经济学家亚当·斯密、哲学家培根、诗人雪莱、作家格林以及斯蒂芬·霍金、罗伯特·胡克等学术大家，他们同样是我们的骄傲。"

也许感觉自己的口气过于严肃了，汉密尔顿换了个话题，笑着问记者："喜欢看电影吗？知道憨豆先生吧？"

"憨豆先生？当然知道了，他非常有趣。校长先生怎么会突然提到他呢？"记者感到不解。

汉密尔顿狡黠地一笑："憨豆先生的扮演者罗温·艾金森也是我们可爱的校友呢！他同样让我们感到自豪。"

采访到这儿，聪明的女记者豁然开朗。"我明白了，校长先生，一所大学，是不应受名缰利锁的牵引的。"

汉密尔顿点点头，表示赞赏："是的，大学的作用在于激发和挑战学生的潜力，让他们有效地发挥自己的才能，不管他的才能是什么。只有以学术为重，才能抵制压力和诱惑。这正是我们牛津人的坚守。"

正如汉密尔顿所言，牛津大学自诞生之日起便确立了"大学是探索普遍学问"的办学宗旨，900年来，始终坚守着其作为学术殿堂的本色，从不随波逐流，迎合社会。也正是这样的坚守，才使得牛津大学培养出无数星光熠熠的杰出人才，这些人在不同的方面影响着整个世界的发展。

电话亭的新生命

吃过晚饭，莱恩拿了几本书前往镇中心的图书馆。在一个红色电话亭前，她站住了，原来这就是她要去的图书馆。这个由电话亭改装成的小型图书馆存放了200多本图书，莱恩把自己前几天借的书放进去，准备再挑选几本拿回家看。这时，安吉拉走了过来，他扬起手中的书冲莱恩打招呼："嗨，夫人，这是我新买的几本书，看看喜欢不？"莱恩接过来，问他："牧师，您又给图书馆买新书了？"安吉拉笑笑："对呀，这样大家才会更喜欢这儿，咱们的电话亭也就不会被拆掉了。"

这是英国牛津郡的沃特佩里小镇，莱恩和安吉拉都是小镇上的居民，他们所说的电话亭在镇中心的街道上，自打他们记事起，这座红色的电话亭就一直在这儿。

然而，随着移动通信手段越来越发达，公用电话的使用率越来越低，而维护费用大大高出人们打电话所支付的费用，于是英国电信公司开始陆续拆除各地的公用电话亭。

电信公司拆除电话亭的这一做法遭到许多英国人的反对，他们自发组织起来，决定保卫红色电话亭。

来自英国南威尔士的艾琳女士说，二战时期，她经常通过电话亭和远嫁美国的姐姐保持联系。"那一年，姐姐的丈夫在珍珠港事件中丧生，姐姐非常伤心，我不能陪在她身边，只有经常打电话安慰她。后来每次经过电话亭，我都会想，多亏有它在，让我可以和姐姐说话。"

70多岁高龄的汤森至今仍记得自己十几岁时在红色电话亭里投币与姐姐通话的情景，他对红色电话亭的感情更深，所以他也坚决反对拆掉电话亭。他说："想想人们在电话亭里说过的那些话、那些故事和小秘密，而现在，就是因为它不能赚钱了，就要把它拆掉？"

报纸、电视等媒体也参与到这场电话亭保卫战中，英国BBC做了一次街头采访，受访者无一例外地说喜欢红色电话亭，希望能保留它。BBC还与英国设计博物馆共同组织了一个名为"英国自1900年以来最受欢迎的标志"的调查活动，红色电话亭被选为十佳之一。

面对民众的呼声和媒体的宣传，英国电信不再强制拆除电话亭，但他们提出了一个名为"收留电话亭"的方案，即当地议会同意每年出250～500英镑的话就可保留电话亭，不管是保留其电话功能，还是仅将其作为街头艺术品，而且对它的维护工作仍由英国电信负责。这个方案得到了大多数人的认可，于是人们积极要求议会签署这个方案，有些地方的居民甚至表示愿意自己出钱买下红色电话亭。电信公司随后也做出让步，同意将旧电话亭开放给社区"认养"，只象征性地收取1英镑（约合11.32元人民币）的认养费用。电信公司的认养计划获得民众的支持，最后总共有350座电话亭交付给社区使用。

为了让这些旧的电话亭焕发出新的生机，人们想了各种办法，还举办过电话亭创意比赛，比如让电话亭变身街头艺术装置、图书馆、公共淋浴间等。在这些充满巧思的创意中，将电话亭改装成图书馆的想法最受英国民众的喜欢和赞赏，因为这样不仅能保留红色电话亭的原始面貌，还可以赋予电话亭新的生命。

在沃特佩里小镇，被改装成图书馆的电话亭从外观上看起来的确没有任何变化，只不过在其内部安装了几层架子，架子上整齐摆放着由附近居民自愿捐献的各种图书。电话亭图书馆24小时开放，并有夜间照明设备，给人们带来了很大的便利。

红色电话亭就这样华丽变身为图书馆并因此而存留下来。到目前为止，英国还保存着这样的电话亭，其数量超过1万个。

一场由电话亭引发的保卫战，表面上是人们对红色电话亭的依恋和不舍，实际上反映的是人们对过去某种生活方式、生活理念的怀念。随着科技进步、电子产品日益繁盛，越来越多的城市变得面目相似，而这些饱含着城市记忆和人们情感的物件则成为城市独特性与唯一性的象征。

保护电话亭，只为着一段历史和记忆。

小鸟缘何愤怒

吉姆是美国动物保护协会的一名志愿者，对斗鸡游戏深恶痛绝。一天，吉姆收到了一条短信，短信上说，在纽约布鲁克林区有一个斗鸡场，许多人在那里进行斗鸡赌博。

收到短信的吉姆非常愤怒，斗鸡游戏在纽约已经被明令禁止，难道还有人置法律于不顾，依然从事这种残忍的行为？

吉姆决定深入到布鲁克林区探个究竟。经过努力，他终于找到了那个隐藏在地下室的斗鸡场。斗鸡场的老板非常警惕，在外面安排专人把门，看到有新面孔进来就反复盘问。在一个知情人的帮助下，吉姆假扮成一个斗鸡的赌徒混了进去。一百多平方米的房间内，站了四五十个人，围着一个长方形的垫着沙土的场地，沙土里夹杂着斗鸡打斗时留下的鸡毛。吉姆进去的时候，两只斗鸡正气势汹汹地纠缠在一起，厮打声、啼叫声、鸡翅的扑扇声和围观者的叫喊声混杂在一起，整个室内混乱一片。吉姆的心感到一阵疼痛，他想不明白，如此鄙俗甚至野蛮、惨烈的场面，竟能吸引人们如此浓厚的兴趣。吉姆不忍心再看下去，他借故溜了出来。基于以往的经验，他知道凭借自己的力量不足以制止这些人的疯狂，要想取缔这个斗鸡场，他绝不能打草惊蛇。

　　回到家中的吉姆立即给自己的同伴们发帖子，向他们披露了这一现象，呼吁伙伴们行动起来，调查纽约州还有多少这样的斗鸡场所。吉姆所在的美国动物保护协会也立即出面，要求政府采取强制行动，对从事斗鸡赌博的人给予法律制裁。

　　2014年2月8日，在吉姆和他的伙伴们的配合下，美国国家安全部门和纽约州警方联合开展了一场名为"愤怒的小鸟"的专项稽查行动，摧毁多个地下斗鸡赌博团伙，逮捕多名嫌疑人，查获近3000只斗鸡。那次行动出动警力70人，是该州历史上最大一次取缔非法斗鸡赌博的行动。

　　然而，吉姆和他的同伴们认为，在已经立法明令禁止斗鸡的纽约州尚且如此，那么在还没有立法的路易斯安那和新墨西哥情况可能会更为恶劣。只有把斗鸡游戏从美国全面、彻底地根除，才能真正地保护这些无辜的生命。他们决定把"愤怒的小鸟"行动继续下去。

　　其实，早在几年前，吉姆所在的美国动物保护协会就曾经在新墨西哥州掀起过一场轰轰烈烈的反斗鸡示威游行。这个拥有800万会员的美国动物保护协会是反对斗鸡游戏的重要力量。一些热爱环保的人士也积极参与到活动中，在报纸、电视等媒体上呼吁人们要善待小动物，建议新墨西哥州立法委员会尽快立法禁止斗鸡。

　　然而，新墨西哥州反斗鸡的法令最终以失败而告终。支持斗鸡的人似乎有更加现实的理由。他们宣称取缔斗鸡将带来大量失业问题，对许多人造成"伤害"，尤其是在农村。他们以刚刚被禁止斗鸡的俄克拉荷马州为例，说短短几个月时间，俄州已经关闭了40多个斗鸡场所，斗鸡场所的关闭使很多人失业，不仅他们的生活受到影响，甚至连鸟禽繁殖公司、五金店和汽车旅馆都遭受了损失。也因为这些原因，在俄克拉荷马州，那些支持斗鸡的人士甚至不惜花费资金，奔走游说，企图取消俄克拉荷马州对于斗鸡游戏的禁令。

对于取缔斗鸡可能造成的损失，反斗鸡"战士"有他们自己的看法。美国动物保护协会主席韦恩·巴塞尔认为，斗鸡行业中的资金流动大部分在赌博者和禽鸟饲养者之间进行重新分配，数额也非常小，因此损失不会很大。

所幸的是，美国最高法院拒绝取消俄克拉荷马州对于斗鸡游戏的禁令，此项决定大大地鼓舞了反对斗鸡的人士。

目前，美国52个州，承认斗鸡合法的只剩下路易斯安那和新墨西哥两个州。

"愤怒的小鸟"继续在行动，吉姆和他的伙伴们坚信，总有一天，斗鸡游戏会在美国得到全面、彻底的根除。

换一种方式拯救你

回到阔别20年的家乡，史蒂夫顾不上旅途的劳累，就迫不及待跑到郭瓦纳斯运河边，那个令他魂牵梦萦的地方。可是，从站在运河边的那一刻起，他的心里便充满了失望和悲伤，眼前哪里还有一丁点儿他记忆中的模样啊！浑浊的污水上漂浮着厚厚的油、垃圾，阵阵腥臭扑鼻而来。史蒂夫痛心地闭上了眼睛，在胸前画着十字，喃喃自语，"哦，上帝，怎么会这样？"

史蒂夫是一名摄影师，从小在郭瓦纳斯运河边长大，这条修建于19世纪的运河曾是纽约市繁华的水上交通要道。在史蒂夫的记忆中，这里风景秀美，水质清澈。少年时候的他最喜欢站在柳树下看南来北往的船只，宽宽的河面时而波浪翻滚，时而风平浪静，蓝莹莹的空中有小鸟欢快地飞过，那是一幅多么美好的画面啊！可是现在……简直不堪入目！

原来，郭瓦纳斯运河连接着布鲁克林各大工业区。多年来，附近工厂倾倒的各种污水、废物通过雨水径流和下水道等途径流入运河，微生物、有毒废料在水中肆意蔓延、增长，郭瓦纳斯运河就这样从一条风景如画的河流变成了污水泛滥的臭水沟。虽然政府也采取过几次行动进行治理，但顽疾难治，效果并不明显。时间久了，这条运河就像城市的一个伤疤，谁都不愿意提起。

史蒂夫决定揭开这块伤疤，拯救郭瓦纳斯运河。他突然想到，自己为何不用手中的相机，真实再现运河丑陋不堪的面貌，以激发人们的环保意识呢？得知史蒂夫的想法，朋友迈尔告诉他，这种做法根本没有用。迈尔说，附近的居民也曾经把运河被污染的情况拍成照片，可是这些照片只会招来更多人的厌恶，没有人愿意看到它们。

难道就没有别的办法了？史蒂夫背着相机，徘徊在运河岸边。此时正是傍晚时分，夕阳西下，彩霞满天，史蒂夫下意识拿起相机，捕捉落日的美景。可是，当他把镜头下移，却发现了奇异的一幕，原本污浊、油腻的水面在落日余晖的映照下竟然色彩斑斓。他把焦距调至最微，镜头中，充满油腻的水体呈现出奇怪的条纹和网格状，各种奇异的颜色交错混杂在一起，宛若一幅奇妙的油彩版画。史蒂夫顾不得多想，把那些神奇的瞬间全都拍摄了下来。

回去后，史蒂夫在电脑上细细观赏自己拍摄的那些画面，再次感受到了艺术的神奇：原来，在特定的情境下，原本的丑竟也能显现出别样的美。似乎是雷光电闪般，史蒂夫突然萌生了一个新的想法，或许这些照片能够从另外一个角度激发人们的环保意识，从而拯救病入膏肓的郭瓦纳斯运河。

史蒂夫把这组名为"郭瓦纳斯运河的别样风景"的照片放到了网上，奇异的色彩和构图，让郭瓦纳斯运河以一种令人惊骇的"美"呈现在人们眼前。看到这些照片，很多人感到好奇，这是一条什么样的河流，怎么会如此五彩斑斓，宛若油画？于是，许多人慕名前往，一探究竟。一时间，郭瓦纳斯运河成了纽约的一个热门景点。失望是必然的了，可是失望之余，每个人的心情都复杂而又沉重：人人都想向往美好，但现实中的不美好又是谁造成的？

一石激起千层浪，原本一块谁也不愿提起的伤疤，就这样重新进入人们的视野。郭瓦纳斯运河的"美"名远扬深深触动了纽约居民，他们自发组织起来，开展了一场"拯救我们的运河"的行动。环保署也将郭瓦纳斯运河纳入环保基金项目，着手对郭瓦纳斯运河进行治理，同时表示："这将是一次颠覆性的治理。治理后，这条运河将成为被充分利用的城市水域，其周边可成为自然环境优美的场所。"

有人问史蒂夫怎么会想到以这种别出心裁的方式来拯救郭瓦纳斯运河。史蒂夫俏皮地反问道："你喜欢被人称赞还是被人批评？当别人称赞你的时候，你是不是会让自己变得更好？"

的确，对于有些棘手的问题，转化一下思维，反倒会有意想不到的收获。

都是硬币惹的"祸"

在旅游景点，我们经常会发现很多人喜欢往喷泉、水池中投硬币许下自己的心愿。但是，很少有人想到，这些投进水中的硬币会充当污染源，时间长了会改变水的颜色、质地。当然，这种污染并不总是丑陋的，有时候它呈现出的竟然是一种异乎寻常的"美"，如美国黄石国家公园的牵牛花温泉，其绚烂的色彩便是长期以来人们无意识人为破坏的结果。

牵牛花池是黄石公园最著名、最漂亮的地热泉之一。这个温泉池最大的特点是色炫形美，泉水的颜色以蓝色为主，然后以底部圆心为点，呈阶梯状逐步向四周扩散，至边缘处则是浓重的鹅黄混合了点橘红，就像是一朵盛开的牵牛花，"牵牛花池"的名字也正是由此而来。

不过近年来游客们发现，早期的牵牛花池清澈见底，有着水晶般透明的蓝色，在蔚蓝色天空的映照下，呈现出彩虹般的渐变色彩，相当迷人，而现在池水的颜色却变成了有点混浊的黄绿色，周围还环绕着引人注目的黄环和红环，整个场景就像是画家用颜料调制出来的水彩画，看起来更加色彩斑斓。为什么会发生这样的变化呢？

原来一切都是硬币惹的"祸"。牵牛花池是一个热泉，地下水从地层裂缝冒出来后，地层表面各种矿物质经氧化反应，以及水中栖息在不同温度的不同光合的细菌生息，使泉水产生出宝石般色彩斑斓的丰富变化，这些变化是大自然本身的创造。但是后来，游客不断增多，很多游客喜欢往牵牛花池里扔硬币，祈求好运。大量硬币的存在阻塞了喷泉的热喷口，导致池内温度降低。与此同时，硬币中存在的化学物质发生化学反应，导致多种细菌滋生。细菌形成的微生物会释放色素，由于温泉中心温度最高，边缘温度最低，因此形成了颜色的梯度变化。它们慢慢扩张到水池边缘，在中心的蓝色周围形成绚丽的黄环，导致蓝色变成绿色。虽然被污染后的牵牛花温泉同样绚烂，还会有大量的游客慕名前来观赏，但是，相比之下，似乎远没有之前的色彩看起来更纯粹。

约翰是黄石公园的管理员，目睹了牵牛花温泉的变化，他不无忧虑地说："如果游客们继续往温泉水里投掷硬币，总有一天，这些硬币会堵住温泉底部的热喷口，那时候，我们的温泉又将会变成什么样子呢？"

约翰的担心不无道理。长期以来，人们无意识的行为不知不觉中破坏了牵牛花温泉原本的自然美，导致牵牛花温泉颜色变化。虽然从眼前来看，被污染后的牵牛花温泉色彩斑斓，依然吸引许多游客。可是，面对这种异乎寻常的美丽，人们更多的是反思：原来表面的美丽其实隐藏着更深的危害。这种美，虽美，实恶矣。

为了保护牵牛花温泉，公园管理处在温泉旁边竖起了一个标牌，上面写着"消失的荣耀"，它提醒游客们，美丽与哀愁并存，要保护环境，不再向池水中抛扔杂物，否则，美丽将不复存在。

钱锺书摔镜验典

钱锺书是我国现代著名作家、文学研究家，他治学严谨，求真务实，曾经在文坛上留下许多佳话，尤其是他摔镜验典的故事更是为许多人称道。

20世纪70年代，钱锺书开始着手《管锥编》的撰著，其间，他阅读大量的古代典籍，并对每本书所载内容都进行详尽、缜密的考证。

一天，他翻阅《太平广记》，当看到《杨素》篇中"破镜重圆"的典故时，心中不禁起了疑惑，"古铜镜应该很结实的呀，怎么能一分为二呢？"他在书房里踱来踱去，百思不得其解。忽然，他抬头看到了书柜上的一面镜子，顺手拿起一看，他乐了，"咦，这不就是面铜镜吗？我可以试试呀，看能不能摔破。"没有丝毫的犹豫，钱锺书举起铜镜就往地上摔。只听"哐啷"一声，铜镜在水泥地上打了个滚，骨碌到了书桌下边。

钱锺书正要去捡，夫人杨绛听到响声跑了进来，问他："什么东西掉地下了？这么大动静。"钱锺书朝书桌下努努嘴。看到铜镜在书桌下，杨绛赶紧弯腰捡起来，递给钱锺书，又问他："这铜镜怎么会掉到地下？这可是你的宝贝呀！"钱锺书顾不上回答，急着察看铜镜是否摔破。左看右看，除了有一些磕碰的痕迹，铜镜并没有裂开。钱锺书自言自语："不对呀，怎么摔不成两半？"杨绛听他这样说，才明白过来，"难不成你是故意摔的呀？"钱锺书点头，"是呀，我想验证一下古书里提到古铜镜一破为二的说法。"杨绛又好气又好笑，"你呀，真是个痴老头！"

摔了一个铜镜，钱锺书还是有点不放心，索性把自己多年收藏的十几面古镜都拿了出来，一个一个摔到地上实验。这边书房里"哐啷""哐啷"声不断，那边杨绛安之若素。不是杨绛不知道那些铜镜的价值，只是她熟知钱锺书的秉性，对于那些身外之物，他们从来都不看重。

十几面古镜摔到地上，没有一面被摔破，钱锺书这才放心。通过亲身验证，钱锺书认为铜镜绝非古书中所说的"堕地分二片"那般脆弱，并将自己的实验过程和读书笔记写入了《管锥编》中。

1979年，钱锺书撰著的《管锥编》出版，在这本书里，钱锺书不仅澄清了许多学术史上的公案，更在大量文献梳理与互证的基础上，作了大量精辟、独到的评论。

不过，现代的考古学家和金相分析专业人士对此有了新的结论，他们认为古代所说铜镜其实为青铜镜，是铜配以锡等其他金属铸造而成，不同时期，配备比例也有所不同。无论是高锡还是低锡铜镜，使用一段时间后，镜面就会氧化暗淡，此时就需要重新磨亮。倘若磨得多了，自然越来越薄，铜镜一分为二并非不可能。因此钱锺书摔镜验典或许有误，眼见未必就为实。

无论铜镜是否能够"堕地分二片"，钱锺书先生科学严谨的治学精神依然值得尊敬和学习。

小海鸥立下的大战功

第二次世界大战期间，在大西洋战场上，围绕潜艇战与反潜战，英军与德军展开了无数次激烈的交锋。原来英国是个岛国，大半的战争物资都是靠海上运输供给，因此德国根据英国非常依赖海上运输的致命弱点，便千方百计以破坏英国海上运输为主要目标。由于德国潜艇装备精良，配备了最先进的鱼雷，英国运输船队屡遭德军潜艇攻击。在德军潜艇活动最猖獗时，大西洋航线几乎被德国潜艇掐断，英国真正体会到切肤之痛！为对付德军潜艇，英国曾想用航母、鱼雷和飞机截击等许多应对之策，但都因不能准确锁定目标位置，每次均以失败告终。

然而，自1944年起，这种局面得到了彻底改变。不仅是在比斯开湾空潜战中，而且在中大西洋亚速尔群岛附近海域，英军航母舰载机竟连连击沉德军潜艇，有效打击了德军潜艇对中大西洋海上运输的破交作战，并大大减少了德军潜艇在加勒比海、南大西洋甚至印度洋上的战果。在之后的战争总结中，德军把这些失败归咎于英军优异的雷达系统。其实不然，德军舰艇的失败并非败在英军优异的雷达系统上，而是因为小小的海鸥。

托马斯是英军"文德克斯"护航航母舰的一名少校军官，眼见护航不力，屡次受到德国潜艇的攻击，内心非常着急，他天天苦思冥想如何能尽快搜寻到德国潜艇并对其进行有效反击。一天，托马斯在甲板上向远方眺望，无意间发现在夕阳的余晖下，有数十只海鸥在盘旋着追逐前方一个目标。感到纳闷的托马斯立即下令把舰艇开过去探查究竟。原来海鸥正在分食漂浮在海面上的一具鲸鱼尸体。

见此情形，托马斯灵机一动，他想：既然海鸥有成群争食的习性，那能否利用海鸥来指示目标发现敌人的水下潜艇呢？于是，他让自己的潜艇在海上不断地沉浮，并在浮出水面时通过飞机向潜艇上方海面抛撒食物。一旦潜艇浮出水面，附近海域的大批海鸥便会纷纷聚集过来，争抢食物。经过训练，海鸥形成条件反射，只要看见水下有物体运动，就立即在海面尾随盘旋，期望有食物可食。

因此，只要有德军潜艇在水下航行，成群结队的海鸥便会紧随追逐。之后，"文德克斯"护航航母舰密切关注海鸥的动向，当观察到海鸥群聚在某处海域，便紧追其后，实施反潜攻击，每次都大获全胜。

英军立刻推广了这一经验，在海面上设立许多瞭望哨，通过望远镜观察海鸥判断敌情。每次德军潜艇一浮上水面，英军猎潜飞机和舰队就会迎头给予痛击。海鸥猎潜术大大提高了英军反潜作战效率，英军很快夺回了制海权。仅1944年的最初三个月中，英军横渡大西洋的105支船队3360艘运输船，只有3艘被潜艇击沉，而德军则付出了36艘潜艇被击沉的惨重代价。

小小海鸥为盟军胜利立下了卓卓战功。看来，只要用心，转机无处不在，即使小小海鸥，也能改变一场战争。

飞机上热舞惹来的风波

丽莎是一名摄影记者，因为工作需要，经常乘坐飞机往返于世界各地。3月17日这一天，丽莎在纽约州的罗彻斯特参加完一个活动之后，乘坐美国顶峰航空公司的一架航班飞往亚特兰大。

登上飞机找到自己的座位坐好，丽莎同往常一样拿了本书看起来。机舱里很安静，偶尔有旅客小声的交谈声。然而很快，这种平静就被打破了，随着电影《钢铁侠》片尾曲的响起，几个盛装的空姐鱼贯而出，伴随着音乐翩翩起舞。原来，为了活跃旅行中的气氛，机乘人员以机舱为舞台，跳起了欢快的舞蹈。

起初的几秒钟，大家都有些发愣，不过很快便被那动感十足的音乐和空姐热情洋溢的舞姿所吸引，纷纷随着音乐的节奏打起节拍，有几个乘客还跃跃欲试，跟在空姐的身后也跳了起来。有一个胖胖的爱尔兰人，不太会跳，笨拙的动作，滑稽的表情，让人看了忍俊不禁，机舱里笑声一片。看到如此热闹的场面，丽莎习惯性地拿起身边的摄像机把这些场面拍摄了下来。

回去后丽莎无意中和一位朋友说起了这件事，朋友说："怎么能在飞机上跳群舞呢？那样会很不安全啊！"朋友的话让丽莎一阵后怕，她回想起当时的场面确很混乱，飞机的过道上足足有十多人在激烈地舞蹈，似乎还有飞行员模样的机乘人员，离开了驾驶舱，拿着手机在过道上拍照。朋友建议丽莎把这段视频传到网上，听听大家的意见。

后来丽莎把这段视频放到了网上，没有想到，这段不足三分钟的视频很快便被无数视频网站转播，并引起了轩然大波，人们围绕飞行安全问题展开了热烈讨论。有人认为，航空公司为了活跃乘客的行程，开展一些娱乐活动，不值得大惊小怪，也不会引发什么安全事故。但是更多的人却认为，飞机在飞行过程中需要保持平衡，特别是在几千米的高空，群体高强度的跳舞动作势必会影响飞机平衡，容易造成安全隐患。另外，飞行员的工作岗位是在驾驶舱内，怎么可以不甘寂寞，溜到机舱内拍照看热闹呢？

这段视频也引起了美国联邦航空局的重视，之后，联邦航空局向顶峰航空公司发出公告，指出3月17日罗彻斯特飞往亚特兰大航班上机乘人员的跳舞事件是一种不端行为，会影响和转移其他值班人员的注意力，降低他们的警惕性，有可能危及飞机自身安全，要求顶峰航空公司对当日执勤的飞行员予以停职处分。

然而，顶峰航空公司却认为，机乘人员在飞机上跳舞是为了娱乐乘客，世界上其他航空公司也会这么做来庆祝特别的时刻，而且整个舞蹈过程仅仅持续了2.5分钟。针对人们所说的有飞行员走出驾驶舱，观看跳舞的现象。他们辩解说："如果一名驾驶员需要出去，比如去上洗手间，难道不允许吗？机组人员跳舞时，驾驶舱内一直有人操作，对飞行安全是没有影响的。"

顶峰航空公司的态度引起了人们的极大愤怒，有专业人士指出，在长航线上，巡航一般分为两套机组，飞行员可以在巡航时轮休，以保证飞行精力。但是，这并不意味着执飞的机组在巡航阶段就没有事做，他们需要不时地查看飞行参数和飞机状态。当飞机开启自动飞行模式时，飞行员同样不可以离开驾驶舱，而是要时刻监控飞行路径，并与每个地面管制部门建立通信联系。

迫于压力，在美国联邦航空局的责令下，顶峰航空公司被迫停飞整顿，而违规的两名飞行员也受到了停职禁飞的处分。

其实，对于乘坐飞机的人来说，一路平安才是最重要的，顶峰航空公司机乘人员在飞机上热舞的做法非但不可取，更要严令禁止，因为任何的疏忽大意都有可能酿成大祸。

后记

一位年轻妈妈讲了自己亲身经历的一件事：一年冬天，她下班坐公交回家，车上挤满了人，忙碌了一天的疲惫写在每个人脸上。过了几站后，公交车进站停车，离她不远处有乘客下车，空出来的座位也不见有人去坐，她环顾一下四周，原来只有她一个娇小的女士，周围其他几位都是男士，有背着电脑包的上班族，有玩手机的男学生，也有拎着菜准备回家做饭的中年男子，大家似乎无意中达成了一种默契：女士优先。她忐忑地坐上去，内心充满了感激。其实那会她正怀有3个月的身孕，尽管看不出来，但她真的需要这个座位。望着窗外的夜色，想到身边陌生人对她的礼让，她在寒冷的冬夜里感受到了阵阵暖意。

这个故事深深打动了我。在人生的旅途中，我们每个人都曾经感受到过来自陌生人的善意，他们在那个特定的时间、特定的场合给过我们温暖，让我们感觉到自己正被这个世界温柔地爱着。生活温暖着我们，我们又怎能让生活变得冰冷？

温暖是生命的阳光。一个女人，如果让自己的心越来越麻木、钝感，对所拥有的一切认为是天经地义或者熟视无睹，时间久了，就会渐渐失去很多美好的气质，那么，何不多一些温情的语言和感性的生活细节，以此来丰富我们的内心，为平常的日子增添一份温暖呢？也正是基于这样的初心，琐碎平凡的日子里，文字成了我与这个世界交流的绝好方式。

本书收录了我近年来创作的百余篇散文随笔、励志美文，这些文字从不同角度感知并书写了人性的美好与人性的温暖。唯愿身处红尘中的我们，记取那些温暖，珍惜那些美好，让善的种子在心中萌芽、生长、开花。

马红丽

2016年7月